浙江省社会环境监测行业发展报告

ZHEJIANGSHENG
SHEHUI HUANJING
JIANCE HANGYE FAZHANBAOGAO

（2020）

浙江省环境监测协会 / 编著

中国环境出版集团·北京

图书在版编目（CIP）数据

浙江省社会环境监测行业发展报告.2020 / 浙江省环境监测协会编著. -- 北京：中国环境出版集团,2021.12
ISBN 978-7-5111-4903-9

Ⅰ．①浙… Ⅱ．①浙… Ⅲ．①环境监测—环境质量评价—研究报告—浙江—2020 Ⅳ．①X821.255

中国版本图书馆CIP数据核字(2021)第196525号

出 版 人	武德凯
责任编辑	孙　莉
责任校对	任　丽
装帧设计	岳　帅

出版发行　中国环境出版集团
（100062　北京市东城区广渠门内大街16号）
网　　　址：http://www.cesp.com.cn
电子邮箱：bjgl@cesp.com.cn
联系电话：010-67112765（编辑管理部）
发行热线：010-67125803，010-67113405（传真）
印装质量热线：010-67113404

印　　刷	北京盛通印刷股份有限公司
经　　销	各地新华书店
版　　次	2021年12月第1版
印　　次	2021年12月第1次印刷
开　　本	787×960　1/16
印　　张	11.25
字　　数	172千字
定　　价	68.00元

【版权所有。未经许可，请勿翻印、转载，违者必究】
如有缺页、破损、倒装等印装质量问题，请寄回本社更换

中国环境出版集团郑重承诺：

中国环境出版集团合作的印刷单位、材料单位均具有中国环境标志产品认证；中国环境出版集团所有图书"禁塑"。

浙江省社会环境监测行业发展报告（2020）编委会

主　　任：刘维屏

副 主 任：何　俊　邵君波　付　军　姚德飞　庞晓露

　　　　　洪正昉　孙晓慧　金　鑫

编　　委：（以姓氏笔画为序）

　　　　　马占宇　王　琤　王　蓓　王江飞　王钢栋
　　　　　韦红映　叶建国　朱建文　刘羽嘉　汤木银
　　　　　许高金　李华军　李治国　肖学喜　余　堃
　　　　　沈金观　张世全　陆志敏　陈　东　林　燕
　　　　　周多数　孟　镝　孟志浩　施枭彬　姚　波
　　　　　钱　伟　徐万福　陶剑波　康　颖　程远哲
　　　　　谢黎明　潘大坚

主　　编：吴　斌

副 主 编：许晗雨　林天云　张自力

统筹联络：陆颖洁　任雪央　王人杰

数据处理：何晓芳　王梦楠　唐　伟

编　　务：余雪芳　周清华　郑　毅

前言 Foreword

生态环境监测是生态环境保护的基础，是生态文明建设的重要支撑。生态环境监测的发展成效和现代化水平，关乎生态文明和美丽中国建设的战略部署，对维护人与自然和谐共生、促进经济社会良性发展、增进民生福祉、创造美好生活至关重要。

党的十八大以来，我国生态文明建设和生态环境保护取得了历史性成就，发生了历史性变革。习近平生态文明思想是新时代生态文明建设的根本遵循，也是环境监测前行发展的行动指南。环境监测行业已进入高质量发展新阶段，要坚持"创新、协调、绿色、开放、共享"的新发展理念，坚持优质、健康、高端、精准、规范的保障型环境监测服务，同时以推动高质量环境保护和生态复苏为主题，以深化服务市场化结构性改革为主线，全面实施环境监测行业在服务方式、服务内容、服务手段上的变革，构建多元化的环境监测服务供应体系，实施创新驱动发展战略，不断深化行业市场体制改革。

生态兴则文明兴。面对气候变化、环境风险挑战、环境污染治理复杂程度加重等日益严峻的全球问题，中国提出人类命运共同体理念，促进经济社会发展全面绿色转型，在努力推动本国经济清洁低碳发展的同时，积极参与全球环境治理，与各国一道寻求加快推进全球可持续发展新道路。习近平总书记在第七十五届联合国大会一般性辩论上宣布，中国将提高国家自主贡献力度，采取更加有力的政策和措施，二氧化碳排放力争于2030年前达到峰值，努力争取2060年前实现碳中和。新时代生态环境保护战略目标，将为中国经济社会持续健康发展提供有力支撑，也为维护世界生态安全、应对全球气候变化、促进世界经济增长作出积极贡献。

当前，在生态文明建设和生态环境保护工作不断向纵深推进的大形势下，生态环境监测作为生态环境保护工作的基础，整个行业的发展出现了两个明显的倾向，一是社会对环境监测行业的关注度有了极大提升，特别是环境监测数据的质量水准和环境监测市场的发展状态，引起业内外高度重视；二是社会对环境监测的需求量有极大提高，环境监测任务快速增加，环境监测市场需求日益扩大。这些都是行业发展的正能量和主方向。随着我国环境监测业务领域的逐渐扩大，公众参与度越来越高，人们对环境监测数据的需求逐渐增多，对环境监测的质量要求也越来越高，以往主要依靠政府提供环境监测数据的情况已难以满足社会发展的需求。因此，促进环境监测市场化发展、增强环境监测社会化力量、提高环境监测数据质量水平、拓展环境监测服务模式已成为大势所趋。

为了展示新时代浙江省环境监测行业发展成就，全面评述浙江省推进环境监测社会化发展的主要政策和重大举措，厘清全省社会环境监测机构的发展状态，分析行业发展的趋势和前景，揭示行业状态的优势和困境，探讨促进行业健康成长的对策和建议，推荐行业领先企业的风范和业绩，在全面系统调研统计评析浙江省社会环境监测行业基本数据的基础上，特发布《浙江省社会环境监测行业发展报告（2020）》。

目录

1 绪论 /1

- 1.1 概述 /2
- 1.2 主旨要义 /2
- 1.3 调研及编制方式 /3
- 1.4 生态环境监测定义 /5
- 1.5 生态环境监测分类 /7
- 1.6 环境监测行业历史沿革 /11
- 1.7 主管部门与管理体制 /14
- 1.8 结论 /17

2 环境监测行业发展轨迹 /19

- 2.1 概述 /20
- 2.2 国外环境监测行业 /20
- 2.3 我国环境监测行业 /22
- 2.4 环境监测行业发展的主要拉动力 /26
- 2.5 结论 /33

3 浙江省社会环境监测行业发展现状与业态洞察 /35

- 3.1 概述 /36
- 3.2 浙江省环境监测行业发展历程 /36

3.3　浙江省环境监测行业分析 /38

　　　3.4　结论 /67

4　行业优势推论和面临困境解析 /69

　　　4.1　概述 /70

　　　4.2　优势甄选和效应推论 /70

　　　4.3　困境列举和现象描述 /75

　　　4.4　结论 /83

5　发展战略对策和实施举措建议 /85

　　　5.1　概述 /86

　　　5.2　发展战略对策 /86

　　　5.3　亟须实施的若干建议 /91

　　　5.4　结论 /94

6　发展趋势判断和行业前景预测 /97

　　　6.1　概述 /98

　　　6.2　趋势与轨迹 /98

　　　6.3　预测与前景 /106

　　　6.4　结论 /112

附录1　领先企业实录 /113

附录2　浙江省社会环境监测机构总体情况 /157

附录3　浙江省环境监测行业调查表 /163

后记 /169

1 绪 论

ZHEJIANGSHENG SHEHUI HUANJING JIANCE
HANGYE FAZHAN BAOGAO
（2020）

1.1 概述

本章通过对环境监测行业的基本定义、监测类别、行业特性、管理体制等一般性概念进行概括性阐述，对编制目标和调研方式进行定位和选定，从而明确发展报告编制、数据征集、调研对象的范围和方式，保证通篇的数据运用、判定、评析、结论具备充分确定的指向和实质意义。

1.2 主旨要义

开展环境监测行业调研，编制行业状态实情报告是促进行业健康发展行之有效的途径。从历年积累的调研报告所产生的效应来看，对一个时期行业状态进行全面详尽的数据评析和状态分析，具有以下主旨要义。

1.2.1 厘清行业形态基础数据

当环境监测机构发展到一定阶段时，势必形成一定的数据分布形态和趋势，掌握和分析这些信息动态，是切实了解和引导这一行业走向的关键。通过对各类信息数据实时跟进和对类型特点进行动态分析，可为建立行之有效的管理模式奠定坚实的基础。

1.2.2 形成管理决策有效依据

卓有成效的环境监测工作能够为生态环境管理、污染治理、生态重建等工作提供基础和保证，同时也为监督、指导生态环境建设的决策提供重要依据。做好环境监测是开展生态环境保护工作的前提。同样，做好社会环境监测行业的调查可以从一个特定的行业角度来探究生态环境现状与趋势，以此为整个生态环境建设的总体决策提供有效依据。

1.2.3 提供市场管理精准服务

在生态文明建设和生态环境保护工作不断向纵深推进的大格局下，环境监测作为整个生态环境保护工作的基础，随着整个行业向市场化方向迈进。同时，随着社会对环境监测需求的提升，整个行业对第三方监测机构的要求也有了极大的提升，越来越多的环境监测需要高素质、高层次、专业化的机构和人员来提供服务，因此行业市场需要依靠一定的评估数据来鉴别和选定符合市场规范、遵守行业操守、具备相当技术手段的机构。通过对社会环境监测行业进行调查，一方面能准确反映行业的专业程度，尤其实施《关于深化环境监测改革 提高环境监测数据质量的意见》（厅字〔2017〕35号）等文件中提出的责任追溯制度，可以充分了解从业机构对数据终身负责的可行性程度；另一方面，市场对监测机构的要求也在不断提高，有关部门可以依据调查结果，对监测机构的综合素质和专项能力实施精准化的培训、监管、约束等各项管理手段。

1.2.4 梳理行业发展前行目标

行业调查是一个动态的跟进过程，每一时期的调查目标值将随着行业的发展同步修订，从而为行业梳理出前行方向。本次调查预设的行业基本数值目标如下：

（1）2017—2019年，浙江省社会环境监测机构的综合状况，包括但不限于机构规模、从业年限、企业性质、人员组成、财务数据、资质资历等基本要素。

（2）浙江省社会环境监测机构的技术水平，包括但不限于实验室规模、仪器配备、资质水平、营业方式、管理手段等专业物态。

（3）行业资源分布及发展状态，包括地区资源分布、市场进入方式、监测项目类别、行业鉴别方式等市场基本行为方式。

（4）行业行为监管和市场疏导的基本面及政策影响力。

（5）对调查获取的基本数据进行解读和研判，以期形成对行业状态的基本判断、对行业前景的总体预测和促进行业发展的相应建议。

1.3 调研及编制方式

调研的目的主要是着眼于建设浙江省社会环境监测机构长效创新的管理机制，积极探索环境监测行业社会化运作的新模式，对社会环境监测机构现状以及存在的问题进行针对性的调研。本次调研和数据采集主要采取以下方式开展：

一是定向征询。采用书面问卷定向发送的方式收集整合浙江省社会环境监测机构的基本情况，以期通过分析鉴别对全省社会环境监测机构基本情况做出准确的判断和定位。本次调研共发放问卷 273 份，回收调查问卷 251 份，回收有效问卷 231 份，数据翔实可靠，分析依据充分。

二是定点走访。通过提供可以有效提升监测水平和数据质量的各类服务，采用"请进来"（集中培训、调研会议等）和"走出去"（能力评估、质量监督、入户调研等）相结合的方式，定点选样并进行实情普查。调研年度共定点摸查的机构达 57 家，受访人员达 175 人次。

三是定型开发。通过开发新的服务模式，在和社会环境监测机构反复沟通、几经磨合的前提下，从信息化、数据化的层面详细了解社会环境监测机构潜在需求，充分发挥浙江省社会环境监测机构信息化管理平台的数据整合功能。

四是定性评析。采用综合判定的方法，即先根据以往相关调研工作积累的经验推演出调研应达到的目标值，再根据所确定的目标值来设计本次调研方式。主要采用下列路径获得相关数据，得出行业状态性质及探讨行业发展趋势与相应对策：

（1）对行业基本情况采取综合统计法，对机构的注册登记备案信息进行全域采集。

（2）对行业的市场运行方式和环境检测项目的类别、属性进行归类采集，设定专项信息征询表。

（3）对行业的管理方式和技术水平，通过定点寻访、专项评估、逐项核审的流程进行量化集录。

（4）根据不同调查目的，采用问卷征询、信息数据库采录、实地查询、专项评估等不同方式结合的形式进行。

（5）对调查获得的数据采用归类统计、图表分析、算法推演、模型测定等手段，并根据相关政策法规、制度标准进行逻辑推论和综合判读。

（6）根据数据评估和市场实务相结合的原则，力求使所有数据的解读与具体案例相一致,从而提出紧密联系实际的调查判定和建议。

通过一年时间多地的调研,在借鉴国内各省(市)相关管理办法的基础上和在全面分析整合、甄别判断的前提下,本书对浙江省社会环境监测机构情况进行梳理总结,借此为下一步浙江省社会环境监测行业管理提供参考,也为全国其他地区社会环境监测行业提供有益借鉴。

1.4 生态环境监测定义

对生态环境监测的行业属性、从业机构的经营方式和行业市场化发展的基本进程进行定义性的描述和鉴别,不仅是准确判断行业基本状况的前提,也是调研数据采集的基本立足点。根据相关法规的规定和行业发展的实际情况,故做以下推定。

1.4.1 生态环境监测专业定义

生态环境监测是指依照法律法规和标准规范,对环境质量、生态状况和污染物排放及其变化趋势所进行的采样观测、调查普查、遥感解译、分析测试、评价评估、预测预报等活动。它是指运用化学、物理、生物等技术手段,对大气、地表水、地下水、海水、土壤、声、光、热、生物、振动、辐射、温室气体等环境要素质量的监测,对森林、草原、湿地、荒漠、河湖、海洋、农田、城市和乡村等生态状况的监测,以及对各类污染物排放活动的监测。监测的目的是要全面、及时、准确地掌握人类活动对环境影响的水平、效应及趋势。生态环境监测是科学管理环境和环境执法监督的前提,是生态环境保护的基础。

1.4.2 生态环境监测机构定义

生态环境监测机构是指依法成立、依据相关标准或规范开展生态环境监测,向社会出具具有证明作用的数据、结果,并能够承担相应法律责任的专业技术机构。目前,我国的生态环境监测机构有广义和狭义之分。狭义上的生态环境监测机构是指纳入国家生态环境监测网络体系的各级生态环境主管部门所属生态环境监测机构、各级人民政府相关部门所属从事生态环境监测工作的机构。广义上的生态环境监测机构，除上述纳入国家生态环境监测网络体系并提供环境监测技术服务的体系内机构外，还包括依法设立、专业从事生态环境监测业务的社会环境监测机构。

1.4.3 社会环境监测机构定义

本书所指社会环境监测机构是各级人民政府生态环境主管部门所属生态环境监测机构以外的依法成立、依据相关标准或规范开展生态环境监测，向社会出具具有证明作用的数据、结果，并能够承担相应法律责任的专业技术机构。

1.4.4 生态环境监测机构行业社会化进程

以2015年环境保护部出台的《关于推进环境监测服务社会化的指导意见》（环发〔2015〕20号）为时间节点，我国环境监测行业开始全面实施社会化、市场化的改革。结合改革举措和实施部署的具体进程，本书所涉及的环境监测行业"社会化"和"市场化"概念，分别具有特定的含义和指向：社会化，通常是指环境监测行业在体制上所推进的一系列改革举措，主要在管理制度、组织体系、机构性质、环境监测服务目标任务确定和落实等方面，将以往单一由政府主导实施的行为推向整个社会层面；市场化，主要是指在环境监测服务实施社会化改革的过程中，从运行机制上将完全由政府掌控的方式变成由市场自我调控的方式，环境监测服务的供求关系、运行模式、调控措施、价格体系等要素将依靠市场规律进行完善和发展。环境监测服务在体制上实施社会化改革，在机制上施行市场化方式，形成以政府宏观调控为主导、全社会共同参与、市场需求供应侧全面放开、逐步完善和形成具有自我约束、自我提升、自我完善的良性健康发展模式。

当前，随着社会化改革的推进，生态环境监测服务的社会化进程已实现两大转型。从市场构成来看，我国已全面开放服务性环境监测市场，并有序推进公益性、监督性环境监测业务向社会化环境监测机构放开；从行业主体成分的状况来看，我国环境监测行业正发展成为一个具备各种性质且市场竞争较为充分的新兴环保细分领域。鉴于对上述两方面的基本判定，可知及时摸清社会环境监测行业发展状况、总结环境监测社会化改革成果和好的经验并分析存在的问题，对"十四五"期间相关配套政策制定、行业发展优化都具有十分重要的现实和指导意义。本书关注浙江省社会环境监测机构的生存发展情况，重点聚焦存在充分市场竞争的社会环境监测机构及其上下游所构成的环境监测行业的发展。

生态环境保护已成为我国的基本国策，党的十八大把生态文明建设纳入中国特色社会主义事业总体布局，并提出建设美丽中国的宏伟目标。党的十九大将生态文明建设提升到前所未有的高度，明确指出建设生态文明是中华民族永续发展的千年大计，要加快生态文明体制改革，把推进绿色发展、着力解决突出环境问题、加大生态系统保护力度、改革生态环境监管体制作为推进美丽中国建设的四大举措。国家与社会对生态环境的重视程度不断加深，整个生态环境保护行业进入难得的发展机遇期。"环境治理，监测先行"。环境监测是生态环境保护事业发展的基础性工作，是治理环境污染、评价环境质量、衡量环境治理效果的基础，是科学管理环境和严格环境执法的前提。近年来，我国已出台了百余项环境监测方法标准，国家在政策上不遗余力地进行扶持，推动环境监测新技术、新产品与新解决方案的宣传与应用。在社会化政策不断出台的大背景下，我国的环境监测行业进入了黄金发展期，并成为环保产业又一细分热点领域。

1.5 生态环境监测分类

根据当前行业的惯用方式，生态环境监测按多种分类标准进行分类。

按监测目的分类，生态环境监测可分为常规监测（例行监测）、特定目的监测和科研监测；按监测介质对象分类，生态环境监测可分为环境空气和废气监测、水和废水监测、土壤监测、固体废物监测、噪声监测、电磁辐射监测等；按监测方法分类，生态环境监测可分为化学监测、物理监测、生物和生态监测等；按服务类型分类，生态环境监测可分为服务型环境监测、公益性环境监测和监督性环境监测。

按监测对象的不同，生态环境监测可分为环境质量监测、污染源监测和其他监测三个部分（图 1-1）。环境质量监测包括地表水和地下水监测、环境空气监测、土壤监测、噪声监测和生物监测；污染源监测包括废水监测、废气监测、噪声监测和固体废物监测等；其他监测包括辐射监测和应急监测。环境质量监测和其他监测主要来自政府和公众需求，污染源监测部分来自政府需求，但更多来自企业自行监测需求。

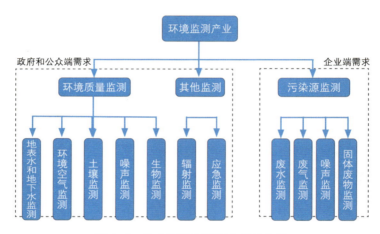

图 1-1　生态环境监测细分行业市场

根据《检验检测机构资质认定生态环境监测机构评审补充要求》的释义，生态环境监测是针对环境监测质量和污染排放所开展的监测（检测）活动，生态环境监测活动涉及的类别主要有水（含大气降水）和废水监测、环境空气和废气监测、土壤和水系沉积物监测、固体废物监测、海水监测、海洋沉积物监测、生物监测、生物体残留监测、噪声监测、振动监测、电磁辐射监测、电离辐射监测、油气回收监测。

（1）水（含大气降水）和废水监测。

水（含大气降水）和废水监测是指为了掌握水环境质量状况和水系中污染物的动态变化，对水的各种特性指标取样、测定，并进行记录或发出信号的程序化过程。监测水体包括地表水（江河、湖泊、水库和渠道）、地下水和污水等。

(2) 环境空气和废气监测。

环境空气和废气监测是对大气中的悬浮颗粒物、二氧化硫、一氧化碳、汞等一次污染物和光化学烟雾等二次污染物进行定性和定量测定，可分为环境空气质量监测和污染源废气监测。除监测污染物外，还需同步测定风向、风速、气温、气压、湿度等气象参数。

(3) 土壤和水系沉积物监测。

土壤和水系沉积物监测是指通过对土壤和水系沉积物代表值进行测定，确定相应环境要素质量（或污染程度）及其变化趋势。监测内容包括土壤环境质量现状调查、区域土壤环境背景值调查、土壤污染事故调查和污染土壤的动态观测。重点监测项目是指影响土壤生态平衡的重金属元素、有害非金属元素和残留农药等。其监测过程一般包括布点采样、样品制备、分析方法、结果表征、资料统计和质量评价等。

(4) 固体废物监测。

固体废物主要包括工业废物、医疗废物、农业废物、放射性固体废物和城市生活垃圾等。固体废物与危险废物管理不当或处置不当时，会给人类健康或环境造成重大急性或潜在危害。

(5) 海水监测。

海水监测是指经过调查研究，掌握海水中各环境要素（包括污染物）的基本情况；一定阶段内海水、沉积物中污染物的种类、浓度和生物体中各种污染物的残留量；以靶系统（人体、生态系统或生物资源等）影响的剂量与效应定量因果关系为主要依据，综合评定海水水质和污染状况。

(6) 海洋沉积物监测。

海洋沉积物监测是海洋环境监测的重要组成部分之一。作为污染物的载体，海洋沉积物可以通过一系列化学和生物过程，将吸附的污染物释放出来，成为海洋水系统的一个重要污染源。近岸海域污染物在海洋水生食物链中的转移和积累，很大程度上受近岸海域沉积物的影响。沉积物评价指标分为理化性质指标、一般污染指标和特殊污染指标，不同类别的评价指标在沉积物质量评价中的功能有所不同。

(7) 生物监测。

生物监测是利用生物个体、种群或群落对环境污染或变化所产生的反应来阐明环境污染状况，可以从生物学角度为环境质量的监测和评价提供依据。多种污染物在环境中混合、相互作用，会对生物体产生潜在影响。生物监测可以通过观察生物种群的变化来探究污染物更深层次的影响，从而弥补传统理化检测技术的不足。

(8) 生物体残留监测。

在食物链中，有害物质沿着食物链逐级积累增多，营养级越高，有毒物质积累得越多。

生物体残留监测可以明确有毒物质的生物富集作用。

(9) 噪声监测。

较强的噪声对人的生理与心理会产生不良影响。在日常工作和生活中，噪声会干扰谈话、思考、休息和睡眠，甚至造成听力损失。噪声污染监测是对干扰人们学习、工作和生活的声音及其声源进行的监测活动，主要包括城市各功能区噪声监测、道路交通噪声监测、区域环境噪声监测和噪声源监测等。

(10) 振动监测。

振动监测是指对振动信号进行采集、分析以及存储，通过对信号的测量和分析，明确设备运行情况及可能带来的环境影响。

(11) 电磁辐射监测。

电磁辐射监测是指对某一特定环境（区域）中的电磁辐射量进行系统地测量，并根据测量目的和相应标准进行解释和说明，以控制电磁辐射污染，保护环境和公众的安全。电磁辐射监测实际是测量电磁辐射强度，包括近区场强的测量、远区场强的测量、微波漏能测试。电磁辐射监测按测量场所可分为作业环境监测、特定公众暴露环境监测（如辐射源邻近环境）和一般公众暴露环境监测；按测量参数分为电场强度监测、磁场强度监测和电磁场率通量密度监测等。

(12) 电离辐射监测。

电离辐射是指足以使物质原子或分子中的电子成为自由态，从而使这些原子或分子发生电离现象的能量辐射。电离辐射包括宇宙射线、X 射线和来自放射性物质的辐射。通过电离辐射监测可获得辐射环境基本数据资料、监测核设施放射性排放量及分布，从而判断环境中辐射与放射性的来源途径、污染水平和范围，为公众受照射水平和辐射环境质量评价提供依据。

（13）油气回收监测。

油气既是规模最大的 VOCs 集中排放源，也是一种可回收资源。通过油气回收监测，可衡量和评价储油库、加油站及油罐车的油气排放污染治理工作，为加强油气污染排放控制、进一步改善大气环境质量提供依据。

1.6 环境监测行业历史沿革

1.6.1 环境监测行业发展走势

我国环境监测行业起步于 20 世纪 70 年代末，与发达国家相比起步相对较晚。但是在我国经济高速发展的大背景下，环境监测行业已经步入快车道，成为高成长性产业。作为环境治理的基础，环境监测行业得到了强力度的政策支持，使市场空间大幅增大。"十二五"以来，环境监测行业在国家的高度重视和政策的推动下，形成了包括空气环境监测、水质监测、污染源监测的国家环境监测网络框架。国家"十三五"规划中明确提出要以提高环境质量为核心，这为环境监测行业的转型升级与健康稳定发展奠定了主基调。"十四五"时期，生态环境治理将向精准治污、科学治污、依法治污和生态修复转变，这对加快推进生态环境监测体系与监测能力现代化提出了迫切要求。

生态环境部科技与财务司、中国环境保护产业协会发布的《中国环保产业发展状况报告（2020）》显示，全国环保产业营业收入从 2018 年的 15 992 亿元左右增长到 2019 年的 17 800 亿元，年增速达到 11.3%，远高于国内生产总值的增速。2019 年，环境服务营业收入约 11 200 亿元，同比增长约 23.2%；环境监测产业在环保各细分行业中增幅继续保持领先，2019 年营业收入约为 1 054.4 亿元，同比增长了 27.7%。

目前，我国已经形成了较为完备的生态环境监测组织架构和运行机制，各级生态环境主管部门所属环境监测机构达 3 500 余个、监测人员 6 万余名。另据不完全统计，当前全国各级各类社会环境监测机构已达 1 万余家，从业人员达 24 万余名。

1.6.2　环境监测行业产业链构成

从环境监测服务出发，生态环境监测的需求方是各级政府部门和排污企业，供给方是各级各类生态环境监测机构。生态环境监测需求方和供给方以及与之相联系的上游环境监测仪器、软件、监测试剂供应商共同构成了整个环境监测行业产业链。因此，环境监测行业产业链包括硬件、软件、检测试剂供应商在内的产业链的上游和以政府部门及排污企业为终端客户的产业链的下游（图 1-2）。

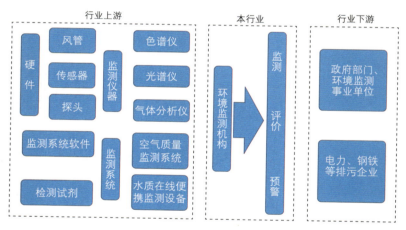

图 1-2　环境监测行业产业链上下游关系

（1）行业上游。

环境监测行业产业链上游供应商主要是监测所需分析测试仪器设备和试剂耗材的生产商和贸易商，包括传感器、电磁阀、紫外灯、光学镜片等硬件制造企业，设备集成供应和运维商，试剂类企业及监测系统软件制造企业。上游硬件、软件及试剂市场竞争较为成熟。经过十几年的发展，我国环境监测仪器国产化率稳步提升，但仍存在技术创新能力较弱、自动化程度较低、复杂的核心技术严重依赖进口等问题。由于历史形成的技术壁垒过高等原因，目前有机物及重金属分析的大型仪器等核心技术还掌握在跨国公司手中。相比于国内企业制造的环境实验室大型仪器，国外大型仪器的准确度更高，国内企业主要以集成供应商的角色整合多种监测设备、开发定制化监测业务平台服务来满足不同客户的需要。总体而言，国内高精尖的分析测试仪器设备自主研发能力有待加强。虽然，行业内生产试剂耗材的企业较多，但很多试剂、标准物质质量有待提高。

（2）行业下游。

生态环境监测的业务内容主要是为客户提供相关监测服务并出具检验检测报告。环境监测行业产业链下游主要是各类环境监测产品和服务的需求方，行业客户主要是政府部门、排污企业以及相关社会公众。下游需求方采购环境监测服务主要用于环境管理、自行监测、项目验收和科研教学等，相关交易产品和服务要具有特定证明作用和法律效力。政府部门在环境监督性监测方面的需求较为稳定，在国家力推第三方监测服务的大背景下，环境监测社会化领域逐步拓宽，业务量和下游需求稳步增加。在日趋严格的高压态势下，生态环境保护工作的好坏直接影响企业的社会形象，因此企业自身不合规排放不断减少，更多的是通过购买环境监测服务的方式提升自身的环境污染治理水平。

1.6.3 行业进入转折性发展阶段

我国环境监测工作在起步之初，主要以环境管理、环境执法和环境质量为核心工作面开展各项监测活动，行政和公益服务属性较强。进入21世纪后，随着社会经济的快速发展，生态环境保护工作逐步深化、细化，环境监测范围不断扩大，监测任务日益繁重，原有的环境监测力量已无法满足社会需求。与此同时，社会环境监测力量迅速发展，如果能把生态环境保护系统的环境监测力量和社会环境监测力量进行有效地配置，使环境监测实现社会化，不仅可以缓解监测能力不足的问题，还能使环境监测的整体效率得到提升，从而满足时代发展的需求。环境监测社会化主要是指在环境监测工作中改变政府机构全程承担的单一模式，引入生态环境主管部门直属环境监测机构以外的环境监测业务机构，为生态环境保护工作深化发展提供更多方力量的支持。

2015年1月，国务院办公厅发布《关于推行环境污染第三方治理的意见》，明确鼓励环境污染采用第三方治理；2015年2月，环境保护部出台《关于推进环境监测服务社会化的指导意见》，提出凡适合社会力量承担的监测工作，环境保护行政主管部门均可依据本行政区实际，选择采取委托、承包、采购、名录管理等方式交由社会力量承担。2016年1月，全国环境保护工作会议再次强调，要对第三方治理开展监督检查。随着国家政策的引导，环境监测市场逐步放开，市场容量逐步增加，社会资本和企业参与环境监测市场的积极性不断提升，监测服务市场正在由政府主导逐步转向政府引导、企业投入的市场化阶段。随着环境监测社会化改革的推进，我国已全面放开服务性环境监测市场，例如排污单位污染源自行监测、环境损害评估监测、环境影响评价现状监测、清洁生产审核、企事业单位自主调查等环境监测业务已向社会环境监测机构完全放开，同时，公益性、监督性环境监测业务的社会化也在稳步推进中。

1.7 主管部门与管理体制

对环境监测行业的市场运作实施监管职能的政府部门主要为生态环境部、国家市场监督管理总局以及行业内各级自律性社会组织。实行的管理体制主要是遵循和依照省市以上各级政府颁布的行业法规和技术标准，通过一定的行政手段和市场服务的方式对行业实施监督管理和市场监控。

1.7.1 主管部门

（1）生态环境部。

生态环境部全面负责我国生态环境监测工作，会同有关部门拟订国家生态环境政策、规划并组织实施，起草法律法规草案，制定部门规章，组织拟订生态环境标准，制定生态环境基准和技术规范，负责制定生态环境监测制度和规范、拟订相关标准并监督实施，会同有关部门统一规划生态环境质量监测站点设置，组织实施生态环境质量监测、污染源监督性监测、温室气体减排监测、应急监测，组织对生态环境质量状况进行调查评价、预警预测，组织建设和管理国家生态环境监测网及全国生态环境信息网，建立和实行生态环境质量公告制度，统一发布国家生态环境综合性报告和重大生态环境信息。

（2）国家市场监督管理总局。

国家市场监督管理总局主要负责市场综合监督管理，统一登记市场主体并建立信息公示和共享机制，组织市场监管综合执法工作，承担反垄断统一执法，规范和维护市场秩序，统一管理计量标准、检验检测、认证认可，监督管理全国计量器具的生产和销售，制定国家计量技术规范和检定规程，并对各类型涉及计量性能的仪器仪表企业进行计量溯源、计量监督等方面的工作。

国家市场监督管理总局下属的国家认证认可监督管理委员会（CNCA）是履行环境监测行政管理职能的具体职能部门，负责统一管理、监督和综合协调全国范围内的认证认可工作。国家认证认可监督管理委员会的职责主要为制定并落实国家认证认可领域的相关制度，依法监督和规范认证认可市场；管理相关校准、检验检测、检验实验室技术能力的评审和资格认定工作，负责对从事相关校准、检验检测、检验、检查、检验检疫和鉴定等机构（包括中外合资、合作机构和外商独资机构）技术能力的资质审核。

1.7.2　管理体制

2018 年，生态环境部和国家市场监督管理总局联合印发《关于加强生态环境监测机构监督管理工作的通知》《检验检测机构资质认定生态环境监测机构评审补充要求》，加强对社会环境监测机构的事中事后监管、严格机构准入要求，推动环境监测服务社会化工作的制度化、体系化、规范化。

面对不断放开的环境监测市场，各省（区、市）不断探索有效的管理制度，在推进环境监测社会化过程中确保环境监测数据的真实性、可靠性。目前管理模式主要分为登记备案、名录管理、能力认定、能力评估、信用管理五类。

(1)登记备案。

以上海市、吉林省、西藏自治区等为例,社会环境监测机构到所在地开展相关监测业务前,需向当地生态环境主管部门进行登记。甘肃省要求为环境监管提供监测服务的社会环境监测机构,应事先向开展业务所在地市生态环境主管部门登记并主动接受监管。

(2)名录管理。

以重庆市、辽宁省、青海省、广西壮族自治区、新疆维吾尔自治区为例,对所在地生态环境监测机构实行名录管理。社会环境监测机构向生态环境主管部门提出申请,经审核后纳入名录,并定期向社会公开,生态环境主管部门对列入名录的社会环境监测机构进行监督管理。

(3)能力认定。

以北京市、山西省为例,社会环境监测机构自愿向生态环境主管部门申请环境监测业务能力认定,社会环境监测机构按其能力认定的类别和项目承担监测业务。

(4)能力评估。

以浙江省为例,推行以省(区、市)生态环境主管部门为主导,行业协会接受委托开展能力评估的工作模式,充分发挥"行业自律"的作用,使企业遵从自愿申请、自愿网上公布结果的"两个自愿"原则。能力评估分为材料审核与现场评估两种方式,其中 A 级、2A 级为材料审核,3A 级、4A 级、5A 级为现场评估,现场评估结果为 85 分(含)以上且现场考核合格率达到 90% 的定为 5A 级;75 分(含)至 85 分且现场考核合格率达到 85% 的定为 4A 级;65 分(含)至 75 分且现场考核合格率达到 80% 的定为 3A 级。

(5)信用管理。

以上海市、四川省为例,由生态环境主管部门建立信用评价指标体系,对社会环境监测机构开展信用管理。例如上海市从机构的基本素质、业务执行、经营管理、诚信记录等方面建立指标体系,对在该市服务并完成备案的机构进行信用评价,评价结果按失信风险由低到高分为 A 级、B 级、C 级、D 级、E 级五个等级。信用等级高的 A 级和 B 级机构,政府在采购、科技项目立项等方面可优先选择；信用评价分级结果实施差异化监管，A 级免予现场检查、B 级现场抽查比例为 10%、C 级现场抽查比例为 30%、D 级和 E 级现场抽查比例均为 100%。

1.7.3　自律性组织

行业内主要的自律性组织包括省市各级环境监测协会。环境监测协会通常由各省（区、市）开展环境监测业务的企事业单位、环境监测仪器设备生产与销售企业、监测运营及与环境监测有关的管理和咨询单位等自愿组成的非营利性的社会组织。环境监测协会这类自律性组织一方面可以规范业内机构行为，维护公平竞争环境，促使本区域环境监测的技术进步和行业共同发展；另一方面也搭建了社会环境监测机构与政府的桥梁，在贯彻环境保护法律法规执行、统一环境监测技术规范和提升监测业务质量方面发挥重要作用。

目前尚无国家层面的环境监测协会或自律性组织，各省（区、市）自行组建的行业性社团组织对所属区域的行业开展社会化沟通协调和引导服务。2019 年，国内环境监测行业社会化改革较早的浙江省、江苏省、广东省、广西壮族自治区和湖南省等 10 家省级环境监测行业协会就全国环境监测行业协会联盟的运作事宜达成协议。全国环境监测行业协会联盟旨在加强省级社会化环境监测机构之间的沟通和交流，在共性的政策建议、行业自律等方面开展合作，促进全行业的产业升级、技术创新和人才培养。

1.8　结论

环境监测行业的总体了解和评价必须建立在对行业定义准确认定的基础上，才能使整个行业业态的调研不因概念模糊而偏离主线。了解行业的发展历程和现存状态还与调研工作的主旨方向、采用的方法手段密切相关，必须充分兼顾政策法规、管理体制对行业的引导和掌控作用。本章所做的一般性阐述是为本书确定基本的限制性架构。

2

环境监测行业发展轨迹

ZHEJIANGSHENG SHEHUI HUANJING JIANCE
HANGYE FAZHAN BAOGAO
（2020）

2.1 概述

本章通过对国内外环境监测行业的发展做简要性的回顾，来明确行业发展的历史进程。追根溯源，方知由来，中外对比，各取所长，将国内外环境监测机构不同发展轨迹进行对照鉴别，目的是对目前环境监测行业的情况有更为清晰的认识，从而确保所采集的数据和分析都具有历史可溯性。

2.2 国外环境监测行业

自18世纪工业革命以来，英国、美国、德国和日本等主要发达国家都先后经历了一段"先污染后治理"的过程。在长期的污染治理过程中，政府、公众和企业在相互博弈中取得共识，逐步形成了各具特色的环境管理制度和监测制度。

（1）美国。

由于工业化起步较早，美国自19世纪末就开始进行环境监测，20世纪50年代逐步完善环境质量监测相关法律法规及标准，与此同时，环境质量监测仪器发展也实现标准化。美国的环境监测领导机构起初由卫生部门负责，1970年成立美国国家环境保护局（U.S. Environmental Protection Agency，US EPA），专职负责维护自然环境和保护人类健康不受环境危害影响。环境监测项目由常规监测逐步扩展为重点有毒有害成分监测，侧重"三致毒物"（致癌、致畸、致突变）与室内微环境的监测；监测领域涵盖水质、大气、生态等监测系统。质量保证（QA）和质量控制（QC）贯穿数据采集、处理、保存等全过程，监测理念和体系逐步形成，旨在保证分析数据准确可靠。美国国家环境保护局设有五个专业办公室领导地区办公室，拥有健全的环境监测制度。专业办公室设有专业的监测技术研究所，是技术研发、数据汇总、网络控制的中心，为美国国家环境保护局法规的制定提供参考。美国的环境监测行业实行资质管理制度，也就是具体环境监测任务由环境监测管理机构委托给有相关资质的合同实验室（国有企业或私人企业）承担，由国家或地方财政统一安排资金。美国的环境监测经费较充足，仅常规监测每年就保证在3亿美元以上。经费中 50% 以上用于监测和高端、便携式仪器的技术研制与开发，其余经费用于污染源的控制。监测人员编制充足，监测技术研究所设有顾问、合同顾问和实习生。

（2）欧盟。

欧盟的环境监测能力与治理理念具有全球领先优势。当前，欧盟内大部分国家污染得到有效治理，生态资源得以恢复，整体环境状况已经接近工业化发展的前期。立法和监测方法标准化是欧盟环境监测采取的两大手段。在立法方面，欧盟拥有全面的法律体系，包括 500 多个政令与法规。如在水环境领域方面，法令就涉及监测目标、污染物来源与控制、监测报告规范性等；在监测方法标准化方面，由欧盟标准委员会（CEN）负责制定标准，并全部转化为各成员国的内部标准，统一的监测方法使各成员国的监测数据具有可比性和可操作性。此外，欧盟拥有成员国间与成员国内两套监测网络与信息公开制度，并有严格的排污与执法标准，这使欧盟的环境监测走在世界前列。

（3）日本。

第二次世界大战以后，日本在推进工业化和经济增长的同时，也产生了严重的环境污染问题，如水俣病、第二水俣病、哮喘病和痛痛病等"四大公害"。1967 年日本制定《污染治理基本法》，开启了环境监测的历程。20 世纪 90 年代，日本环境监测相关法律法规与技术规范体系逐步发展成型。起初，日本法律规定污染企业有义务对大气、水质、噪声等污染源进行监测。但是，由于监测需要投入大量的技术和设备，全国所有的污染企业都有自己的监测设施显然不太可能，在这种形势下，日本就产生了环境监测公证事业（分析中心），陆续有企业加入监测队伍中。当前，日本在都道府县都开展了相应的环境监测工作。环境监测的组织形式主要有环境省、地方自治体和其他省厅。环境省是日本国家环境行政主管部门，自身具有监测系统，协助地方自治体实施环境研究、调查、购置仪器等工作，同时统一监测标准；地方自治体和其他省厅定期向环境省报告监测状况并提供相关数据，环境省和地方自治体均要及时向社会公布监测信息。除了地方自治体，其他负责环境监测的省厅有国土交通省、厚生劳动省和农林水产省。国土交通省设有道路局、河川局、汽车交通局等专门从事相应的环境监测,厚生劳动省侧重对人体有害物质进行监测,农林水产省主要负责对农业污染监测。为确保环境监测科学、可靠,经济产业省设有专业的计量认证机构,监测数据必须通过其认证,并附证明书。

2.3 我国环境监测行业

相较于美国、日本、欧盟等发达国家和地区,我国环境监测行业虽起步较晚,但发展迅速。自20世纪七八十年代起,我国逐渐意识到环境污染和治理的重要性,环境监测开始起步,并逐步发展成为整个环保产业的一个分支。自1983年《全国环境监测管理条例》颁布以来,我国环境监测发展已有近40年的历程。这40年来中国环境监测事业从无到有,从小到大,从简到全,整个发展过程大致可分为萌芽初创期、探索成长期、体系完善期以及市场变革期四个阶段(图2-1)。

图2-1 我国环境监测行业发展主要阶段

(1)萌芽初创期(1983—2006年)。

1983—2006年,《全国环境监测管理条例》《环境监测报告制度》《污染源监测管理办法》《环境监测技术路线》及《环境监测质量管理规定》相继出台,确立了环境监测的政策主基调。1983年颁布的《全国环境监测管理条例》规定,由国务院环境保护机构统一组织环境监测、调查和掌握全国环境状况和发展趋势,并提出改善措施。

（2）探索成长期（2007—2012 年）。

2007 年，国家环境保护总局颁布《全国环境监测站建设标准》，详细规定三级环境监测机构人员及机构标准、监测经费和用房、基本仪器、应急和专项监测仪器等量化配置要求。2012 年，环境保护部出台《国家地表水、环境空气监测网（地级以上城市）设置方案》，规范并明确了环境监测发展方向和要求。

（3）体系完善期（2013—2014 年）。

2013—2014 年，环境保护部在此期间发布多个污染物排放标准、污染源自行监测和监督性监测办法等，如《国家重点监控企业自行监测及信息公开办法（试行）》《国家重点监控企业污染源监督性监测及信息公开办法（试行）》，目的是强化监督、建立透明公开规范等行业监管制度。2013 年颁布的《国家重点监控企业自行监测及信息公开办法（试行）》要求加强监督，督促企业履行责任与义务，开展自行监测；进一步规范监督性监测，推动污染源监测信息公开。

（4）市场变革期（2015 年至今）。

体制变革包括事权上收及垂改、全新顶层设计、环境监测数据全国联网、生态环境监测信息集成共享等。2015 年 2 月，环境保护部发布《关于推进环境监测服务社会化的指导意见》（环发〔2015〕20 号），明确开放环境监测服务市场，规范社会环境监测机构，依法监督环境监测服务。2015 年 7 月，国务院办公厅印发《生态环境监测网络建设方案》（国办发〔2015〕56 号），要求逐步建成地表水、大气等要素的环境质量自动监测网络，同时国家上收生态环境质量监测事权。自动监测网络建设客观上使环境监测设备的需求扩增，同时自动监测站点的运行维护、质控检查服务也令环境监测市场空间不断提升。2016 年，环境保护部发布《关于印发＜"十三五"环境监测质量管理工作方案＞的通知》，要求加快监测事权上收、提高监测数据质量、严打数据造假、引入第三方评估。2018 年，生态环境部印发《关于生态环境领域进一步深化"放管服"改革，推动经济高质量发展的指导意见》，要求推行生态环境监测领域服务社会化，加强社会监测机构监管，严厉打击生态环境监测数据造假等违法违规行为，确保生态环境数据真实、准确。2020 年，生态环境部正式发布《生态环境监测规划纲要（2020—2035 年）》，提出进一步加大对社会监测机构的扶持与监管力度，鼓励社会环境监测机构、科研院所、社会团体广泛参与到监测科研、标准制（修）订、大数据分析等业务领域。一系列环境监测制度改革文件的实施，标志着我国生态环境监测市场逐步放开、社会化格局逐渐形成，环境监测机构迎来发展的重大机遇期。至此，环境监测产业扩展至环境监测、监测设备制造、监测设备运行维护等领域，生态环境监测行业进入高速发展和高度开放的新时期。我国环境监测发展各阶段国家出台相关政策见表 2-1。

表 2-1　我国环境监测发展四个阶段出台的主要政策

政策名称	发布单位	发布日期	主要内容
《全国环境监测管理条例》	城乡建设环境保护部	1983 年 7 月	由国务院环境保护机构统一组织环境监测、调查和掌握全国环境状况和发展趋势，并提出改善措施
《环境监测报告制度》	国家环境保护局	1996 年 11 月	中国环境监测总站每年向国家环境保护局至少汇报 2 次全国环境质量和重点污染源排放情况
《污染源监测管理办法》	国家环境保护总局	1999 年 11 月	各级环境保护局所属环境监测站负责对污染源排污状况进行监督性监测
《环境监测技术路线》	国家环境保护总局	2003 年 6 月	列举水、大气、土壤等九类环境监测技术路线
《环境监测质量管理规定》	国家环境保护总局	2006 年 7 月	强调环境监测质量管理是环境监测的重要组成部分，应贯穿监测全过程
《全国环境监测站建设标准》	国家环境保护总局	2007 年 4 月	规定了三级环境监测机构人员及机构标准、监测经费和用房、基本仪器、应急和专项监测仪器配置

政策名称	发布单位	发布日期	主要内容
《国家地表水、环境空气监测网（地级以上城市）设置方案》	环境保护部	2012年4月	在"十一五"国家地表水、环境空气监测网的基础上，优化调整监测点位
《国家重点监控企业自行监测及信息公开办法（试行）》	环境保护部	2013年7月	要求加强监督、督促企业履行责任与义务，开展自行监测；进一步规范环境保护部门监督性监测，推动污染源监测信息公开
《关于推进环境监测服务社会化的指导意见》	环境保护部	2015年2月	开放环境监测服务市场，规范社会环境监测机构，依法监督环境监测服务行为
《关于支持环境监测体制改革的实施意见》（财建〔2015〕985号）	财政部、环境保护部	2015年11月	上收环境监测站点、监测断面等，除敏感环境数据外，原则上将采取政府购买服务的方式，选择第三方专业公司托管运营
《关于加强企业环境信用体系建设的指导意见》（环发〔2015〕161号）	环境保护部、发展和改革委员会	2015年12月	开展环境服务机构及其从业人员环境信用建设
《"十三五"环境监测质量管理工作方案》	环境保护部	2016年11月	加快监测事权上收；提高监测数据质量、严打数据造假；引入第三方评估
《关于深化环境监测改革 提高环境监测数据质量的意见》	中共中央办公厅、国务院办公厅	2017年9月	深化改革全面建立环境监测数据质量保障责任体系，健全环境监测质量管理制度，建立环境监测数据弄虚作假防范和惩治机制
《关于生态环境领域进一步深化"放管服"改革，推动经济高质量发展的指导意见》	生态环境部	2018年8月	进一步深化生态环境领域"放管服"改革，协同推动经济高质量发展和生态环境高水平保护，不断满足人民日益增长的美好生活需要和优美生态环境需要

政策名称	发布单位	发布日期	主要内容
《生态环境监测规划纲要（2020—2035年）》	生态环境部	2020年6月	全面深化我国生态环境监测改革创新，全面推进环境质量监测、污染源监测和生态状况监测，系统提升生态环境监测现代化能力
《关于构建现代化环境治理体系的指导意见》	中共中央办公厅、国务院办公厅	2020年3月	从指导思想、基本原则、责任体系、监管体系、市场体系、信用体系、法律法规政策体系等方面都做出了明确部署，提出了具体要求，对构建现代环境治理体系做出了整体部署
《关于推进生态环境监测体系与监测能力现代化的若干意见》	生态环境部	2020年4月	要求经过3～5年的努力，建成陆海统筹、天地一体、上下协同、信息共享的生态环境监测网络

2.4　环境监测行业发展的主要拉动力

2.4.1　社会经济增长因素

1978年，我国开始实行对内改革、对外开放的政策，从此经济快速增长。40多年，我国国内生产总值从1978年的3 645亿元增长到2019年的98.65万亿元，创造了举世瞩目的经济发展奇迹（图2-2）。经过40余年的高速发展，我国经济实力、科技实力、综合国力跃上新的台阶，经济社会发展取得了全方位、开创性的历史成就。

图 2-2 我国中长期经济增速展望（年同比）

资料来源：中信证券。

"十三五"以来，一方面，我国深入推进供给侧结构性改革，全面深化改革和扩大开放，着力推动经济高质量发展，经济运行总体平稳，结构持续优化，新发展理念更加深入人心，经济社会发展动力活力进一步增强。国内生产总值在 2016—2019 年保持了 6.7% 的年均增速，2019 年国内生产总值达到 98.65 万亿元，占全球经济比重达 16%，对世界经济增长的贡献率达到 30% 左右，2020 年国内生产总值首次超过 100 万亿元，人均国内生产总值突破 1 万美元。另一方面，"十三五"时期污染防治力度空前加大，生态环境明显改善。截至"十三五"末期，我国的资源利用率水平明显提升，万元 GDP 用水量大幅超额完成目标，空气和水质量也大幅超额完成目标，森林覆盖率、单位 GDP 能源消耗、非化石能源占一次能源消费比重等约束性指标均完成预定目标。

2.4.2　政策保障提供的良好发展环境

长期以来，我国实行的是由政府有关部门所属环境监测机构为主开展监测活动的单一管理体制。在环境保护领域日益扩大、环境监测任务快速增加、环境管理要求不断提高的情况下，推进环境监测服务社会化已迫在眉睫。国家和地方开展了实践探索，出台了相应的管理办法，许多社会环境监测机构进入环境监测服务市场。2015年，环境保护部出台《关于推进环境监测服务社会化的指导意见》，提出有序开放环境监测服务，培育和引导社会监测力量，规范其监测行为，稳妥推进政府向社会购买环境监测服务工作。此后，环境监测领域政策出台的频率明显提高。2015—2017年，中央全面深化改革领导小组连续3年分别审议通过了《生态环境监测网络建设方案》《关于省以下环保机构监测监察执法垂直管理制度改革试点工作的指导意见》《关于深化环境监测改革　提高环境监测数据质量的意见》等文件，基本搭建形成了生态环境监测管理和制度体系的"四梁八柱"，生态环境监测的认识高度、推进力度前所未有，各项工作取得了明显进展。

2015年7月，国务院办公厅印发《生态环境监测网络建设方案》，方案要求到2020年，全国生态环境监测网络基本实现环境质量、重点污染源、生态状况监测全覆盖，各级各类监测数据系统互联共享，监测预报预警、信息化能力和保障水平明显提升，监测与监管协同联动，初步建成陆海统筹、天地一体、上下协同、信息共享的生态环境监测网络，使生态环境监测能力与生态文明建设要求相适应。此后，相关环境监测行业配套文件陆续出台。2015年8月，环境保护部研究出台《国家环境质量监测事权上收方案》，决定分三步完成国家对大气、水、土壤环境质量监测事权上收工作。同年12月，财政部、环境保护部印发《关于支持环境监测体制改革的实施意见》，提出国家上收的环境监测站点、监测断面等，除敏感环境数据外，原则上将采取政府购买服务的方式，选择第三方专业公司委托运营，到2018年全面完成国家监测站点及国控断面的上收工作，我国环境监测的基本框架由此形成。2016年11月，《"十三五"环境监测质量管理工作方案》出台，监测行业的具体发展目标得以明确，同时《关于加强环境空气自动监测质量管理的工作方案》随规划出台，明确了以空气监测为切入点完善体系并进行全面更新，新时期环境监测相关政策见表2-2。

环境监测服务的社会化既是加快政府生态环境保护职能转变、提高公共服务质量和效率的必然要求，也是理顺生态环境保护体制机制、探索生态环境保护新路径的现实需要。引导社会环境监测机构进入环境监测的主战场，提升政府购买社会环境监测服务水平，有利于整合社会环境监测资源，激发社会环境监测机构活力，形成生态环境系统环境监测机构和社会环境监测机构互为补充、共同发展的新格局。

表 2-2 环境监测相关政策

政策名称	发布单位	发布日期	主要内容
《环境空气质量标准》（GB 3095—2012）	环境保护部	2012年2月	增设 $PM_{2.5}$ 平均浓度限值、臭氧8小时平均浓度限值，收紧了 PM_{10} 等污染物的浓度限值
《大气污染防治行动计划》（"大气十条"）	国务院	2013年9月	提出到2017年，全国地级及以上城市可吸入颗粒物浓度比2012年下降10%以上，优良天数逐年提高
新修订的《环境保护法》	全国人大常委会	2015年1月	明确了环境监测的体系标准
《关于推进环境监测服务社会化的指导意见》	环境保护部	2015年2月	引导社会力量参与环境监测，规范社会环境监测机构行为
《生态环境监测网络建设方案》	国务院办公厅	2015年7月	完善生态环境监测网络，健全生态环境监测制度和保障体系
《大气污染防治法》（修订）	全国人大常委会	2015年8月	增加对燃煤、机动车、船舶、VOCs等污染源的管理
《环境监测数据弄虚作假行为判定及处理办法》	环境保护部	2015年12月	对于党政领导干部指使篡改、伪造监测数据的，由负责调查的环境保护主管部门提出建议
《耕地质量调查监测与评价办法》	农业部	2016年7月	提出了耕地质量调查、监测、评价与信息发布等制度
《"十三五"生态环境保护规划》	国务院	2016年11月	实行省以下环保机构监测监察执法垂直管理制度
《控制污染物排放许可制实施方案》	国务院办公厅	2016年11月	细化污染物排放许可制制度方案
《"十三五"环境监测质量管理工作方案》	环境保护部办公厅	2016年11月	建立国家与省级环境保护部门组成的两级质量管理模式，强化国家网运行管理

政策名称	发布单位	发布日期	主要内容
《关于加强环境空气自动监测质量管理的工作方案》	环境保护部办公厅	2016年11月	明确加强提升环境空气自动监测质控能力
《关于深化环境监测改革 提高环境监测数据质量的意见》	中共中央办公厅、国务院办公厅	2017年9月	研究制定防范和惩治领导干部干预环境监测活动的管理办法，重点解决地方党政领导干部和相关部门工作人员利用职务影响，指使篡改、伪造环境监测数据等问题
《关于建立资源环境承载能力监测预警长效机制的若干意见》	中共中央办公厅、国务院办公厅	2017年9月	明确对红色预警区、绿色无警区以及资源环境承载力预警等级降低或提高的地区，分别实行对应的综合奖惩措施
《关于加快推进环保装备制造业发展的指导意见》	工信部	2017年10月	目标到2020年，先进环保技术装备的有效供给能力显著提高，市场占有率大幅提升
《大气VOCs在线监测系统评估工作指南》	清洁空气联盟	2017年11月	规范了当前国内对VOCs在线监测技术市场的状况，为获得准确和科学有效的监测数据提供保障
《环境保护税法》	国务院	2018年1月	要求税收额根据排污当量进行测算
《关于加强生态环境监测机构监督管理工作的通知》（环监测〔2018〕45号）	生态环境部、国家市场监督管理总局	2018年5月	从加强制度建设、加强事中事后监管，提高监管能力和水平三大方面，提出了9项具体要求
《关于生态环境领域进一步深化"放管服"改革，推动经济高质量发展的指导意见》	生态环境部	2018年8月	进一步深化生态环境领域"放管服"改革，协同推动经济高质量发展和生态环境高水平保护，不断满足人民日益增长的美好生活需要和优美生态环境需要
《生态环境监测规划纲要（2020—2035年）》	生态环境部	2020年6月	全面深化我国生态环境监测改革创新，全面推进环境质量监测、污染源监测和生态状况监测，系统提升生态环境监测现代化能力

2.4.3 刚需增长带来的市场扩容

根据中国产业信息网、中国环保产业协会发布的数据，2014—2016 年，包括环境监测业务、监测设备制造及运维在内的环境监测产业总体规模年均增长率为 19.3%，"十三五"期间环境监测总体增速大约为 25%。根据 2020 年 9 月发布的《中国环保产业发展状况报告（2020）》，2019 年，我国包括环境监测设备及运维、环境监测业务在内的环境监测产业营业收入约为 1 054.4 亿元，同比增长了 27.7%，市场空间稳步提升。

国家认证认可监督管理委员会数据显示，2019 年我国检验检测行业整体发展形势良好，近 5 年连续保持快速提升。截至 2019 年年底，我国境内（不含港澳台）检验检测服务业全年实现营业收入 3 225.09 亿元，从业人员 128.47 万人，人均产值 25.1 万元。全行业共拥有各类仪器设备 710.82 万台（套），仪器设备资产原值 3 681.17 亿元，共出具各类检验检测报告 5.27 亿份。具体各细分行业见图 2-3。2018 年全国环境监测营业收入（环境监测业务为主）已达 236.41 亿元，仅次于第一位的建筑工程和第二位的建筑材料，在 8 个专业检测领域排名第三，较 2017 年的 203.53 亿元增长了 16.15%，整体行业规模保持持续增大。

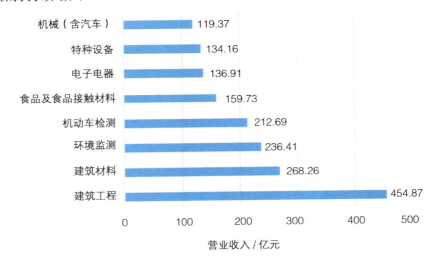

图 2-3　2018 年我国营业收入超百亿元的检验检测细分行业

来源：国家认证认可监督管理委员会。

改革开放之初,许多地方重点发展经济,在一定程度上忽视了生态环境保护的重要性,导致生态环境保护和经济发展发生错位。随着经济的发展和人民生活水平的提高,政府和公众环境保护意识的不断增强促进了环境监测、环境治理需求的提升。随着环境污染问题日趋严重,仅靠国家财政难以满足环境治理的投资需求,于是新的融资渠道和模式应运而生。当前,来自政府和规模以上企业的环境污染治理是环境监测市场发展、扩容的刚性需求。

"十三五"以来,全国每年环保治理的投资额稳定在0.9万亿~1.0万亿元。2017年我国环境污染投资额高达9 539亿元,环境保护投资占GDP的比重为1.2%。在"蓝天保卫战、碧水保卫战、净土保卫战"三大保卫战纳入各级政府政绩考核范围后,地方政府环保项目支付意愿保持高位,叠加生态环境管理体系优化,污染源监测、水质监测网格化、大气质量监测网格化、园区VOCs监测设备及运维需求加速释放,环境监测需求迅速放量。数据显示,2010—2017年,政府财政对环保投入力度持续加大,环境监测财政开支年增幅达14%。

企业业务支付意愿随着生态环境保护相关法律法规的健全和惩罚力度的加强而不断提升。两次全国污染源普查数据同口径相比,2007—2017年,我国工业增加值增长了146%,达到了27.51万亿元;国内生产总值从2007年的27万亿元增加到2017年的83.2万亿元,增长了208%;工业源(企业)数量增加了57.20%(图2-4)。2017年全国化学需氧量、二氧化硫、氮氧化物等污染物排放量比2007年分别下降46%、72%、34%(图2-5)。全国污染物排放总量呈下降态势,与企业数量、经济总量增加形成鲜明对照,这反映我国多年来的污染防治工作取得了巨大成果,产业结构调整、经济高质量发展、污染治理能力得以明显提升。同时,我国环境污染治理投资不断增长,城乡环境公共基础设施和服务水平显著提高,农村人居环境逐步改善,环境公共服务显著改善。与"一污普"时期相比,"二污普"时期环境污染治理投资由3 387.30亿元增至9 538.95亿元,增长近2倍。来自政府端和企业端的环境保护管理、治理需求共同为环境监测行业的发展提供了相对刚性和稳定的市场。

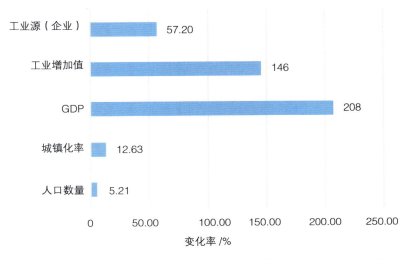

图 2-4 两次全国污染源普查主要经济指标变化情况（2007—2017 年）

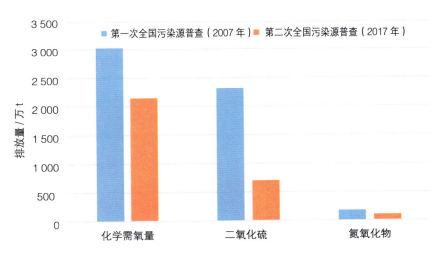

图 2-5 两次全国污染源普查主要污染物变化情况

2.5 结论

回顾国内外环境监测行业的发展历程，共同的特点都是面对环境问题的严峻性应运而生，这是人们对自然的认识加深和深刻反省的必然过程。相较发达国家经历了 100 多年的行业发展史，我国的环境监测行业克服起步晚、手段少等不利因素，面对需求快速增长的压力，实现了快速增长的发展势能。一方面基本满足了环境保护大局的基础需求，另一方面表现出体制不断完善、范围不断补充、水平不断提升、成效不断优化的发展特征。

3

浙江省社会环境监测行业发展现状与业态洞察

ZHEJIANGSHENG SHEHUI HUANJING JIANCE
HANGYE FAZHAN BAOGAO

（2020）

3.1 概述

本章以浙江省环境监测行业的发展历程和业态现状为基本样本，通过对社会环境监测机构的基本数据和运行状况进行分类采集、综合分析和实情调研，并以此为主线扩展至行业运行上下游各相关方，从而全面厘清和评析浙江省社会环境监测行业的基本状况，为促进和保障环境监测行业健康发展探索提供具有针对性的对策和途径。

3.2 浙江省环境监测行业发展历程

"十二五"以来，随着生态环境保护工作的不断拓展和环境管理要求的提升，环境监测业务量快速增加，特别是排污许可制改革、企业自行监测需求增加，社会对环境监测的服务性需求日趋扩大，环境监测服务市场需求明显增长，政府主导的环境保护系统监测供给能力不足的问题越发凸显并日趋加剧，在日益扩大的需求推动下，浙江省环境监测社会化变革顺势而起，进展迅速。

推行环境监测社会化是加快政府环境保护职能转变、提高公共服务质量和效率的必然要求，也是推动生态环境保护产业乃至经济高质量发展的重要支撑手段。随着生态环境领域进一步深化"放管服"改革，环境监测市场逐步放开，社会环境监测力量大量涌入，有效地缓解了环境监测力量不足的难题，浙江省环境监测事业进入多方合作共赢的新阶段，经过近10年的发展取得了显著成绩。

浙江省环境监测社会化工作开展较早。2012年8月，浙江省从社会环境监测机构摸底调查工作着手，多次组织环境监测社会化推进工作会议，2013年8月浙江省环境保护厅印发了《关于推进环境监测市场化工作的意见》（浙环发〔2013〕44号），旨在培育和引导社会环境监测力量，促进社会环境监测机构规范运作，并对社会环境监测机构的能力要求、业务范围、监督管理等做出明确规定。随后，浙江省逐步推进社会环境监测机构的能力评估工作。政府坚持放开与监管并重原则，加强社会环境监测机构的质量管理，实施环境监测质量"谁监测谁负责、谁委托谁把关、有投诉必查处"。

2018年,根据中共中央办公厅、国务院办公厅印发的《关于深化环境监测改革 提高环境监测数据质量的意见》,浙江省及时制定《浙江省深化环境监测改革 提高环境监测数据质量的实施方案》,结合生态环境部、国家市场监督管理总局印发的《关于加强生态环境监测机构监督管理工作的通知》,与市场监管部门建立跨部门"双随机、一公开"检查机制,每年度对社会环境监测机构开展联合检查。2020年11月,浙江省生态环境厅印发《关于开展社会环境监测机构环境信用体系建设改革试点工作的函》,在湖州市和金华市开展社会环境监测机构信用评价体系建设改革试点工作,通过试点引领促进浙江省社会环境监测机构提升服务水平,引导行业健康规范发展。浙江省环境监测社会化相关政策见表3-1。

表3-1 浙江省环境监测社会化相关政策

政策名称	发布单位	发布日期	主要内容
《关于推进环境监测市场化工作的意见》	浙江省环境保护厅	2013年8月	坚持放开与监管并重的原则,加强社会环境监测机构的质量管理,实施环境监测质量"谁监测谁负责、谁委托谁把关、有投诉必查处"
《浙江省生态环境监测网络建设方案》	浙江省人民政府办公厅	2016年12月	开放服务性监测市场,鼓励社会环境监测机构参与污染源自行监测、污染源自动监控运行维护、生态环境损害评估监测、环境影响评价现状监测、清洁生产审核、企事业单位自主调查等环境监测活动。切实加强对社会环境监测机构和环境监测运维机构的监督管理,依法严肃查处故意违反环境监测和运维技术规范以及篡改、伪造监测数据行为,将企业违法违规行为纳入企业信用体系,将违法失信企业纳入环境违法黑名单

政策名称	发布单位	发布日期	主要内容
《浙江省深化环境监测改革 提高环境监测数据质量的实施方案》	浙江省环境保护厅	2018年11月	推动环境监测行业协会有序开展工作，充分发挥行业自律作用，加强社会环境监测机构从业行为信息化管理，规范和约束环境监测机构及从业人员监测行为，鼓励协会开展环境监测行业自律检查、机构能力评估、等级评定

经过多年发展，浙江省社会环境监测机构迅速增加，环境监测服务市场日益庞大，进入了新的发展阶段。2014年浙江省除政府所属环境监测站以外的社会环境监测机构仅有125家，2019年已达到273家，机构数量增长了近1.2倍；合同总额从4.74亿元增长到15.05亿元，增长了近2.2倍。

3.3 浙江省环境监测行业分析

3.3.1 2019年环境监测行业基本情况分析

3.3.1.1 数量及分布

截至2019年年底，浙江省社会环境监测机构共计273家，在全省11个地市均有分布（图3-1）。其中杭州市、宁波市、嘉兴市社会环境监测机构注册数量最多，分别占全省社会监测机构总数的29%、14%和10%（图3-2）。截至2019年年底，舟山市、衢州市和丽水市注册企业较少，占比较低。各设区市社会环境监测机构注册量与各地市经济发展、市场容量密切相关。杭州市作为省会城市，经济活跃、人才集聚，市场完备，在省会城市注册企业也便于业务在全省推广，因此杭州市的企业注册数量在全省最多，并显著高于其他设区市。

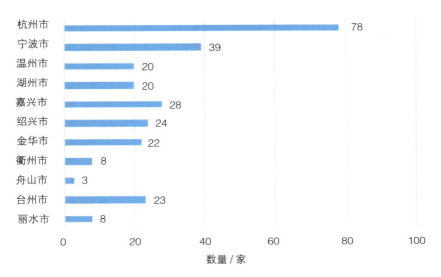

图 3-1　浙江省各设区市社会环境监测机构注册数量（截至 2019 年年底）

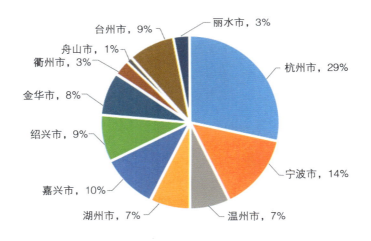

图 3-2　浙江省各设区市社会环境监测机构占比

3.3.1.2　成立时间

现有的浙江省社会环境监测机构中[①]，成立于 2010 年及之前的环境监测

---

① 该项指标有效数据为 227 家。

机构数量有 40 家，占现有全部社会环境监测机构数量的 17.6%，其中民营和国有环境监测机构各 20 家；成立于 2011—2013 年的环境监测机构共 45 家，占比为 19.8%，其中民营机构占比为 84.4%；成立于 2014—2016 年的环境监测机构共 82 家，占比为 36.1%，其中民营机构数量占比为 76.8%；成立于 2017—2019 年的社会环境监测机构共 60 家，占比为 26.5%，其中民营机构数量占比为 86.7%（图 3-3 和图 3-4）。由此可见，2014 年在环境监测行业社会化推动的大背景下，社会资本进入环境监测领域的意愿增强，2014 年及以后新成立的社会环境监测机构数量明显增多，且民营企业占绝大多数。

图 3-3　浙江省社会环境监测机构成立时间及数量

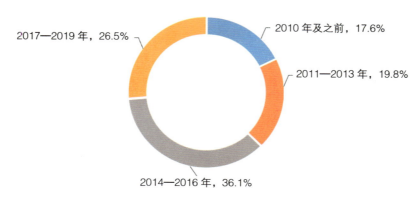

图 3-4　浙江省社会环境监测机构成立时间及占比

3.3.1.3 性质和类型

机构性质方面,浙江省社会环境监测机构中,民营环境监测机构数量占比达到84.2%,国有社会环境监测机构居第二位,占比为13.3%,混合类和其他类机构较少,占比仅为2.1%和0.4%(图3-5)。民营环境监测机构占大多数,符合浙江省民营经济较发达的所有制构成特点。

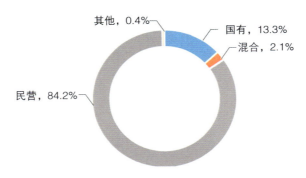

图 3-5 浙江省社会环境监测机构性质占比

机构类型方面,浙江省社会环境监测机构中,纯环境监测机构超过50%,达到54.7%,这反映了浙江省社会环境监测行业尚处于培育发展初期,监测机构初创、业务相对单一,抗风险能力普遍不足(图3-6)。

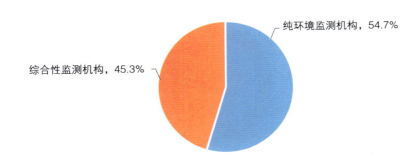

图 3-6 浙江省社会环境监测机构类型占比

3.3.1.4 资质认定

浙江省社会环境监测机构发展较早，2010 年及之前全省仅有 15 家机构通过资质认定，其中综合性监测机构 4 家、纯环境监测机构 11 家。2013 年及之前通过资质认定的浙江省社会环境监测机构有 42 家，仅占现有通过资质认定机构数的 20%（图 3-7 和图 3-8）。2014 年，浙江省发布《关于推进环境监测市场化工作的意见》（浙环发〔2013〕44 号）后，社会环境监测机构数量大大增加，2014—2016 年通过资质认定的浙江省社会环境监测机构数量占现有通过资质认定机构数量的 30%。2017 年以后发展尤为迅速，通过资质认定的社会环境监测机构数量明显增多，占现有资质认定机构数量的 50%，政府政策鼓励支持作用明显。

图 3-7　2010—2019 年浙江省社会环境监测机构通过资质认定数量

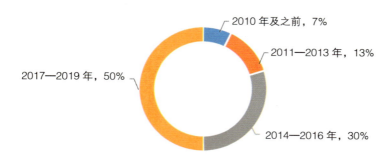

图 3-8　2010—2019 年浙江省社会环境监测机构通过资质认定数量占比

3 浙江省社会环境监测行业发展现状与业态洞察

截至2019年年底,浙江省社会环境监测机构现有环境监测项目涉及环境空气和废气、水和废水、土壤、固体废物、噪声、辐射和其他环境项目七大类,通过资质认定的环境项目数累计逾9.2万项,平均每家机构监测项目数量近千个。就分项目类别数量而言,水和废水、环境空气和废气、土壤占比较高,分别达到了35.9%、21.0%和24.5%,占比较少的项目主要是辐射类项目,占比仅为0.5%(图3-9)。分项目类别统计通过资质认定的机构总数中,水和废水、环境空气和废气、噪声类资质认定的社会环境监测机构数量相对较多,分别有225家、200家和196家,通过固体废物和辐射资质认定的社会环境监测机构数量相对较少,分别只有125家和40家(图3-10)。

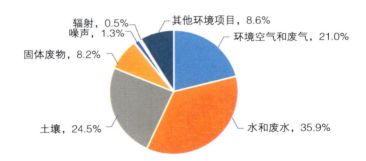

图3-9 2019年通过资质认定的浙江省社会环境监测机构分项目类别占比

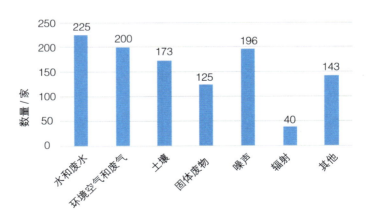

图3-10 2019年分项目类别统计通过资质认定社会环境监测机构数量

3.3.1.5 实验室面积

2019年，浙江省社会环境监测机构平均实验室用房面积达到 1 155 m^2[①]。根据实验室面积统计，实验室面积小于 500 m^2（小型）的环境监测机构数量占比为 12%；实验室面积为 500～1 000 m^2（不含）（中型）的环境监测机构数量占比为 35%；实验室面积为 1 000～1 500 m^2（不含）（较大型）的环境监测机构数量占比为 27%；实验室面积大于 1 500 m^2（大型）的环境监测机构数量占比为 26%（图 3-11）。总体而言，浙江省社会环境监测机构实验室面积以中小型为主。

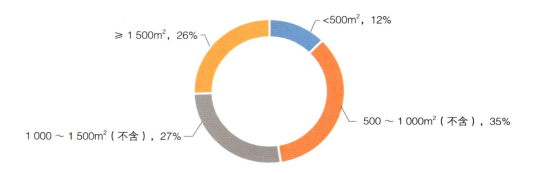

图 3-11　浙江省社会环境监测机构实验室面积分布

从监测机构类型来看，纯环境监测机构平均实验室面积为 1 034 m^2，综合性监测机构平均实验室面积为 1 160 m^2。分档统计各类机构实验室面积占比，纯环境监测机构中，实验室面积小于 500 m^2（小型）的环境监测机构数量占比为 16%；实验室面积为 500～1 000 m^2（不含）（中型）的环境监测机构数量占比为 38%；实验室面积为 1 000～1 500 m^2（不含）（较大型）的环境监测机构数量占比为 24%；实验室面积大于 1 500 m^2（大型）的环境监测机构数量占比为 22%。根据以上实验室面积分档，综合性监测机构数量占比分别为 8%、31%、31% 和 30%（图 3-12）。

---

① 该项指标有效数据为 231 家。

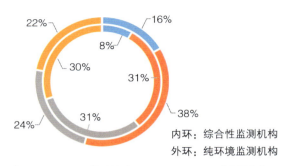

图 3-12　浙江省社会环境监测机构实验室面积按类型统计占比

3.3.1.6　岗位人数和人员素质

2019 年，浙江省社会环境监测机构从业人员数量达到 10 874 人。监测人员岗位分布方面，现场监测（采样）、实验室分析、报告编制和其他职能岗位占比分别为 35%、40%、11% 和 14%，从业人员分布主要集中于前端的现场采样岗和中端的实验室分析工作岗（图 3-13）。在人员年龄分布上，57%的环境监测人员年龄集中在 25～35 岁，这反映了人员构成年轻化（图 3-14）。

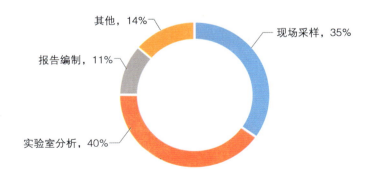

图 3-13　浙江省社会环境监测机构按岗位人员统计占比

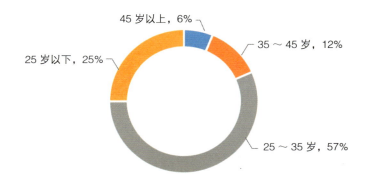

图 3-14　浙江省社会环境监测机构人员年龄占比

按照综合性和纯环境监测机构分类分区间统计机构人数分布（图 3-15），监测机构人员人数主要集中在 10～30 人，无论是综合性环境监测机构还是纯环境监测机构，人员规模上总体偏小。纯环境监测机构中，10 人以下的机构数量占比为 16.4%，10～30 人（不含）的机构数量占比最大，达到 55.5%，30～50 人（不含）的机构数量占比为 20.3%，50 人以上的机构数量占比为 7.8%。综合性环境监测机构中，10 人以下的机构数量占比为 3.8%，10～30 人（不含）的机构数量占比最大，达到 58.5%，30～50 人（不含）的机构数量占比 27.4%，50 人以上的机构数量占比为 10.3%。

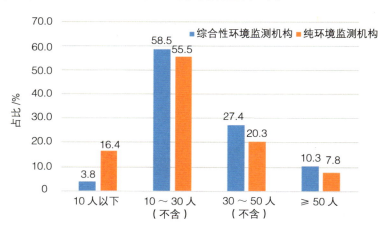

图 3-15　浙江省社会环境监测机构按人数分类别统计占比

监测机构人员学历占比方面（图3-16），研究生及以上学历人数占比为6%，本科学历人数占比为56%，大专学历人数占比为33%，大专以下学历人数占比最少，仅为5%。

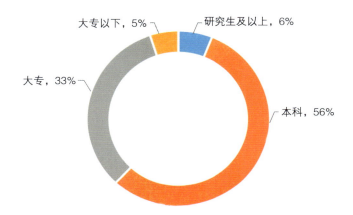

图3-16　浙江省社会环境监测机构人员学历分类统计占比

监测机构人员职称占比方面（图3-17），高级及高级以上（正高）职称人数占比仅为3.3%，中级职称人数占比为20.5%，中级以下职称技术人员人数占比达76.2%。中级以下职称技术人员人数占比较高，这反映了浙江省社会环境监测机构新人较多或监测技术人员资历浅，人员专业技能有待提升。

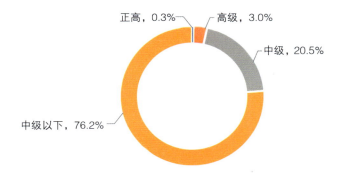

图3-17　浙江省社会环境监测机构人员职称统计占比

3.3.1.7 监测仪器设备数量及主要类型

浙江省社会环境监测机构中，拥有仪器设备数量在 50 台以下的环境监测机构数量占比为 37.7%，拥有仪器设备数量在 50～150 台（不含）的环境监测机构数量占比为 39.4%，拥有仪器设备数量在 150～300 台（不含）的环境监测机构数量占比为 17.7%，拥有仪器设备数量在 300 台以上的环境监测机构数量占比为 5.2%（图 3-18）。

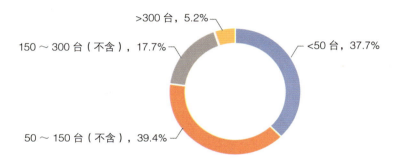

图 3-18 浙江省社会环境监测机构测仪器设备数量统计占比

浙江省社会环境监测机构所使用的仪器设备类型主要包括气相色谱仪、原子吸收分光光度计、离子色谱仪、红外光度测油仪、液相色谱仪、气质联用仪、色质联机、等离子质谱仪（ICP-MS）、液质联用仪等。据 2019 年调查统计结果，浙江省环境监测机构使用的仪器设备中，国产仪器数量占绝大多数，占比高达 91.8%，但大部分为现场采样设备、分光光度计、监测辅助设备等，反映出随着国内仪器设备制造业水平的提升，常规监测设备品质已基本满足环境监测业务需要。与国外仪器相比，国产仪器在价格优势和售后服务响应速度方面占据优势，但是对精度、灵敏度、稳定性要求高的液相色谱仪、等离子质谱仪（ICP-MS）、液质联用仪等大型仪器仍主要依赖进口。

3.3.1.8 企业规模情况

参照《统计上大中小微型企业划分办法（2017）》，按照从业人员人数标准统计浙江省社会环境监测机构企业规模情况。截至 2019 年年底，依此标准划分，浙江省社会环境监测机构中尚无大型企业，全部为中小微型企业（图3-19）。其中，中型企业（100人≤从业人员人数＜300人）数量占比为6.4%、小型企业（10人≤从业人员人数＜100人）数量占比为85.0%、微型企业（从业人员人数＜10人）数量占比为8.6%。主要的中型企业有浙江环境监测工程有限公司、杭州普洛赛斯检测科技有限公司、浙江中通检测科技有限公司、宁波谱尼测试技术有限公司、浙江中一检测研究院股份有限公司、宁波市华测检测技术有限公司、浙江九安检测科技有限公司、浙江省检验检疫科学技术研究院、浙江新鸿检测技术有限公司等。企业规模统计结果表明，浙江省社会环境监测行业以小微型企业为主、行业格局较为分散，"小、散、弱"的问题客观存在。

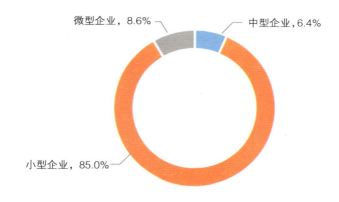

图 3-19 浙江省社会环境监测机构企业规模分布

3.3.1.9 固定资产原值和仪器固定资产原值

2019年，浙江省社会环境监测机构平均固定资产原值和平均仪器固定资产原值分别为781万元和537万元。纯环境监测机构平均固定资产原值和平均仪器固定资产原值分别为675万元和426万元，综合性监测机构这两项指标分别为908万元和667万元。分档统计，固定资产原值和仪器固定资产原值在500万元以下的社会环境监测机构数量占比分别达到51%和64%，固定资产原值和仪器固定资产原值为 500 万～1 000 万元（不含）的环境监测机构数量，占比分别为 25% 和 23%，固定资产原值和仪器固定资产原值为大于 3 000 万元的环境监测机构数量占比最少，仅为 5% 和 3%（图 3-20）。

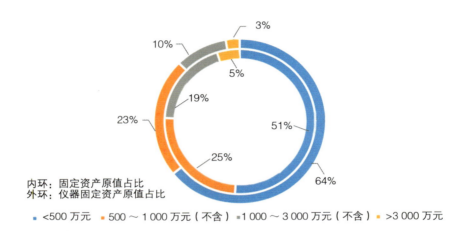

图 3-20　固定资产原值和仪器固定资产原值分类统计

总体而言，浙江省社会环境监测机构仪器固定资产原值占比达到 62.1%（图 3-21），表明作为新兴技术服务行业，环境监测机构仪器设备投入较大，固定资产更多地体现为分析仪器、采样设备。

图 3-21　浙江省社会环境监测机构仪器固定资产原值占比

3.3.1.10 合同总额

同比口径计算，截至 2019 年年底，浙江省社会环境监测机构当年新签合同金额合计达到 15.05 亿元，平均每家机构当年新签合同金额约为 551 万元。分档统计不同合同金额机构数量（图 3-22），合同金额在 200 万元以下的环境监测机构占比为 45.7%，合同金额为 200 万～500 万元（不含）的环境监测机构数量占比为 19.7%，合同金额为 500 万～1 000 万元（不含）的环境监测机构数量占比为 17.1%，合同金额为 1 000 万元以上的环境监测机构数量占比为 17.5%。2019 年浙江省签署的合同金额为 2 000 万以上的社会环境监测机构主要有浙江环境监测工程有限公司、浙江中一检测研究院股份有限公司、杭州普洛赛斯检测科技有限公司、浙江九安检测科技有限公司、宁波市华测检测技术有限公司、杭州谱育检测有限公司、浙江人欣检测研究院股份有限公司、浙江瑞启检测技术有限公司、浙江格临检测股份有限公司等。

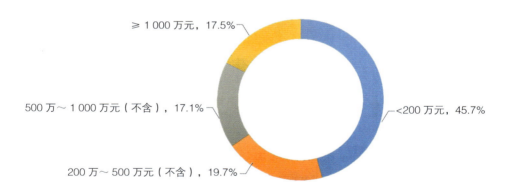

图 3-22　浙江省社会环境监测机构合同金额统计占比

依据 2019 年合同总金额计算浙江省社会环境监测机构市场占有率情况，前十家和前五家机构的市场占有率分别为 17.9% 和 10.4%，反映了市场还处于发展初期，市场集中度仍较低。

浙江省社会环境监测机构的业务主要来自政府和企业委托项目,其中政府委托类合同金额为2.87亿元,占比为19.1%;企业委托类合同金额为12.18亿元,占比为80.9%(图3-23)。由此可见,随着环境监测市场的放开,来自企业端的环境监测需求超过政府部门委托,企业端需求相对稳定,反映出整个监测市场的活跃度。

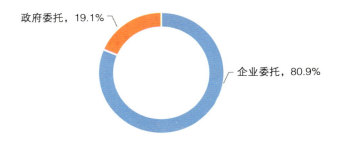

图3-23 浙江省社会环境监测机构合同来源分类统计占比

3.3.1.11 环境监测数据量

2019年,浙江省社会环境监测机构共计完成约1 339万个环境监测数据采样、监测和分析工作。按类别统计(图3-24),水和废水数据量占整个环境监测数据量的50.1%,其次是土壤监测数据量,占比达到25.5%,环境空气和废气数据量次之,占比达到21.0%,噪声和固体废物监测数据量较少,分别占比2.0%和1.4%。

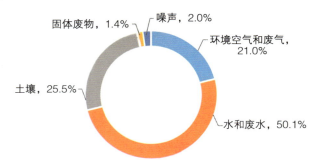

图3-24 浙江省社会环境监测机构环境监测数据量占比

3.3.1.12 LIMS 系统建设情况

接受调查的社会环境监测机构中,尚未考虑建设 LIMS 系统(实验室信息管理系统)的环境监测机构数量占比为 71%;其余社会环境监测机构中,已建成 LIMS 系统并投入使用的环境监测机构数量占比为 10%;正在建设 LIMS 系统的环境监测机构数量占比为 19%(图 3-25)。

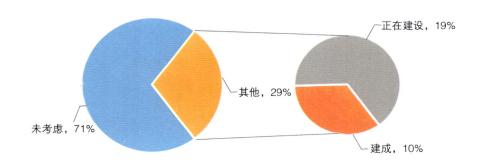

图 3-25 浙江省社会环境监测机构 LIMS 系统建设情况及占比

已建成 LIMS 系统的监测机构中,有 1/3 的机构规模为中型企业,占全部中型企业的 50%,包括杭州华测检测技术有限公司、浙江格临检测股份有限公司、浙江九安检测科技有限公司等业内知名企业。这一现象也表明随着经营规模的扩大,企业更加重视内部质量和效率的提升,实验室管理科学化、规范化成为企业发展的内在需求。同时良好的 LIMS 系统能够规范采样、检测、报告各环节,实现数据结果的可追溯性、节约流程、降低成本、提高工作效率。统计结果显示,已建成 LIMS 系统的机构共计投入约 1 629 万元用于企业 LIMS 系统建设,平均投入成本约为 67.8 万元,而 LIMS 系统软件开发商中,浙江省省内和省外的软件开发企业各占 50%。2019 年已建成 LIMS 系统的环境监测机构人均产值达到 29.12 万元,高于行业平均水平,反映了建有 LIMS 系统的环境监测机构经营情况总体较好。

3.3.2 行业发展态势分析

3.3.2.1 2014—2019 年机构数量变化

2014 年年底，浙江省仅有 125 家社会环境监测机构，截至 2019 年年底，全省社会环境监测机构数量已达 273 家，同比增长了 1.2 倍，5 年年均复合增长率达到 16.9%。环境监测机构数量的快速增长得益于环境保护产业红利的进一步释放，随着近年来国家和地方环境保护产业发展政策措施的相继出台和完善，环境监测市场发展的营商环境持续改善，环境监测机构数量保持快速增加态势（图 3-26）。

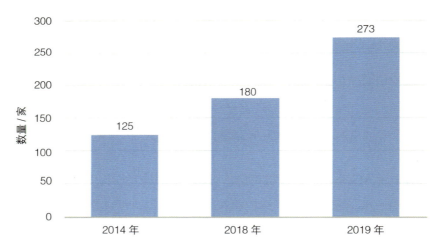

图 3-26 2014—2019 年浙江省社会环境监测机构数量变化

3.3.2.2 2014—2019 年在岗人数变化

2014 年年底，浙江省社会环境监测机构在岗人数为 5 587 人，截至 2019 年年底，全省社会环境监测机构在岗人数已达 10 874 人，同比增长 94.6%，5 年年均复合增长率达到 14.25%（图 3-27）。

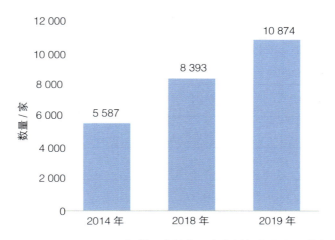

图 3-27　2014—2019 年浙江省社会环境监测机构在岗人数变化

3.3.2.3　2014—2019 年实验室用房面积变化

实验室用房面积是间接衡量监测机构仪器配备、实验室分析能力的重要指标，反映了机构的软实力。2014 年年底，浙江省社会环境监测机构实验室用房面积仅有 15.2 万 m^2，2018 年年底、2019 年年底全省社会环境监测机构实验室用房面积已分别达 25.1 万 m^2、31.5 万 m^2（图 3-28），5 年年均复合增长率达到 15.7%，略低于同期机构数量增速，表明机构在技术能力储备上还有进一步提升的空间。

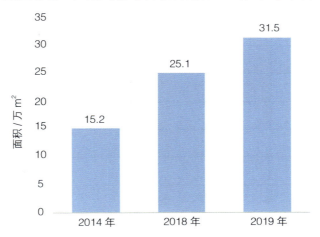

图 3-28　2014—2019 年浙江省社会环境监测机构实验室用房面积变化

3.3.2.4 2017—2019 年合同金额变化

同比口径计算，2017 年浙江省社会环境监测机构当年新签合同金额约为 12.36 亿元，2019 年增长到 15.05 亿元，同比增长 21.8%。分别统计 2017—2019 年政府和企业委托合同金额及变化（图 3-29），较为显著的趋势是政府委托项目呈逐年减少的态势：2017 年政府委托合同金额为 5.58 亿元，约占当年社会环境监测机构合同总金额的 45.1%，而到了 2019 年政府委托合同金额下降到 2.87 亿元，只占当年社会环境监测机构合同总金额的 19.1%。而与之形成鲜明对比的是企业委托合同的稳步增长，2017 年企业委托合同金额为 6.78 亿元，约占当年社会环境监测机构合同总金额的 54.9%，2019 年企业委托合同金额稳步攀升到 12.18 亿元，占当年社会环境监测机构合同总金额的 80.9%（图 3-30）。2018 年、2019 年企业委托合同金额分别同比上年增长 43.8% 和 24.9%，显示了随着环境监测市场的放开，来自企业端的业务增量在稳步上升，浙江省环境监测市场的增量更多来自企业自行监测，表明浙江省环境监测市场内生动力在增强，市场的活力在不断提升。

图 3-29　2017—2019 年浙江省社会环境监测机构累积合同金额

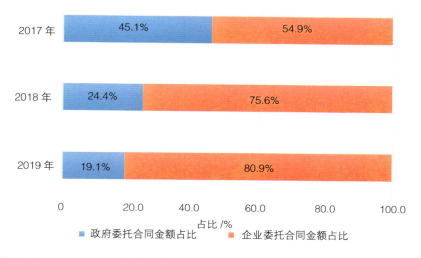

图 3-30 2017—2019 年浙江省社会环境监测机构政府和企业委托合同金额占比

3.3.3 经营状况

3.3.3.1 营业收入和人均营业收入

同比口径计算，浙江省社会环境监测机构 2019 年营业收入合计约为 25.39 亿元，社会环境监测机构经营状况总体尚可。2019 年营业收入在 200 万元（不含）以下的环境监测机构数量占比为 21%，营业收入为 200 万～500 万元（不含）的环境监测机构数量占比为 23%；营业收入为 500 万～1 000 万元（不含）的环境监测机构数量占比为 22%；营业收入为 1 000 万～5 000 万元（不含）的环境监测机构数量占比为 31%；营业收入在 5 000 万元以上的环境监测机构数量占比为 3%（图 3-31）。2019 年营业收入较前的企业有浙江环境监测工程有限公司、宁波市华测检测技术有限公司、浙江省第十一地质大队、浙江中一检测研究院股份有限公司、杭州普洛赛斯检测科技有限公司、杭州希科检测技术有限公司、浙江中通检测科技有限公司、浙江九安检测科技有限公司、浙江杭康检测技术有限公司等。

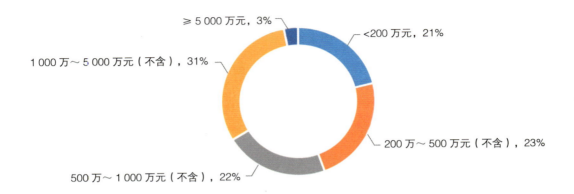

图 3-31 浙江省社会环境监测机构营业收入占比

按不同类型监测机构营业收入口径统计，2019 年来自纯环境监测机构的营业收入占比仅占总营业收入的 27%，综合性监测机构营业收入占比为 73%（图3-32），表明综合性监测机构营业收入能力较强，虽然纯环境监测机构数量占比为 50% 以上，但营业收入占比偏低，反映出纯环境监测机构体量小、业务类型单一，生存压力较大。

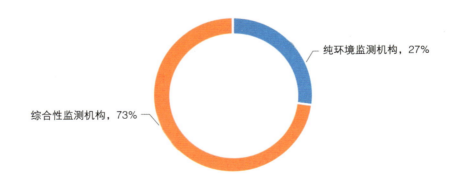

图 3-32 浙江省社会环境监测不同类型机构营业收入占比

2019 年，浙江省社会环境监测机构人均产值达到 27.4 万元，高于 2019

年我国境内（不含港、澳、台地区）检验检测服务业人均产值25.1万元的水平（国家认证认可监督管理委员会数据），但差距不大。如果考虑浙江省经济发展水平和消费水平，浙江省社会环境监测机构人均产值还有较大提升空间。分区间统计，人均产值在10万元以下的环境监测机构数量占比为19.0%；人均产值为10万~30万元（不含）的环境监测机构数量占比为63.5%；人均产值为30万~50万元（不含）的环境监测机构数量占比为13.9%，人均产值为50万元及以上的环境监测机构数量占比为3.6%（图3-33）。总体而言，浙江省社会环境监测机构中，人均产值在30万元以下的环境监测机构数量占绝大多数。

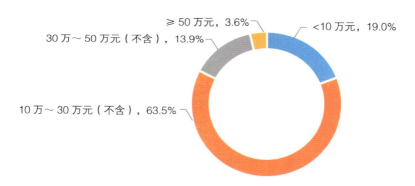

图3-33　浙江省社会环境监测机构人均产值占比

2019年，人均产值为30万元以上的浙江省社会环境监测机构共有25家（其中纯环境监测机构10家、综合性环境监测机构15家），包括浙江环境监测工程有限公司、宁波市华测检测技术有限公司、浙江省第十一地质大队、杭州中一检测研究院股份有限公司、绿城农科检测技术有限公司、杭州谱育检测有限公司、浙江瑞启检测技术有限公司、浙江九安检测科技有限公司等。

3.3.3.2　净利润基本情况

2019年，净利润亏损的环境监测机构数量占比为32.9%，反映出浙江省社会环境监测机构中近1/3的企业盈利状况堪忧，或是与部分企业尚处于发展初创阶段有关；净利润为 200 万元以下的环境监测机构数量占比为 49.7%；净利润为 200 万～500 万元（不含）的环境监测机构数量占比为 11.2%；净利润为 500 万～1 000 万元（不含）的环境监测机构数量占比为 4.2%；净利润为 1 000 万元以上的环境监测机构数量占比为 2.0%（图 3-34）。净利润相对较好的企业主要有浙江中通检测科技有限公司、浙江人欣检测研究院股份有限公司、杭州谱育检测有限公司、浙江中一检测研究院股份有限公司、宁波市华测检测技术有限公司、浙江华标检测技术有限公司、绿城农科检测技术有限公司、浙江省第十一地质大队、杭州谱尼检测科技有限公司等。

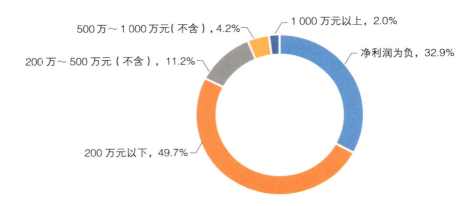

图 3-34　浙江省社会环境监测机构净利润情况及占比

1/3 数量的机构亏损，反映出浙江省社会环境监测行业竞争激烈，企业增收不增利现象突出。一方面，大量的企业维持在生存线上不利于行业的良性发展，需要政府在行业政策上予以支持、在市场规范竞争上加以引导；另一方面，行业竞争激烈，长远来看也有助于那些成本控制不强，技术、资金、市场储备不足的企业出清，未来行业面临洗牌。

3.3.3.3　资产负债情况

资产负率方面，浙江省社会环境监测机构中，资产负债率＜10% 的环境监测机构数量占比为 23.6%；资产负债率为 10%～20%（不含）的环境监测机构数量占比为 13.8%；资产负债率为 20%～50%（不含）的环境监测机构数量占比为30.1%；资产负债率≥50%的环境监测机构数量占比为32.5%（图3-35）。行业的平均资产负债率为33.8%，总体负债处合理水平。资产负债率不高表明业内企业对行业发展持谨慎态度，并没有出现高负债激进式发展，同时这也与行业内企业普遍属于小微型企业、企业融资存在一定难度有关。

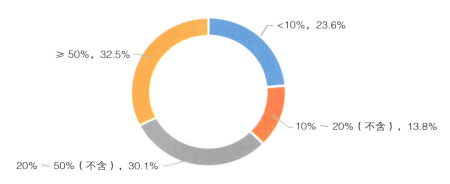

图3-35 浙江省社会环境监测机构资产负债率情况及占比

3.3.3.4 毛利率和净利率情况

毛利率方面，毛利率＜30%的环境监测机构数量占比为17.9%；毛利率为30%～50%（不含）的环境监测机构数量占比为28.6%；毛利率为50%～70%（不含）的环境监测机构数量占比为26.8%；毛利率≥70%的环境监测机构数量占比为26.7%（图3-36）。行业的平均毛利率为48.9%，表明环境监测企业直接成本普遍占比较低，符合新兴技术服务行业的业务特点。

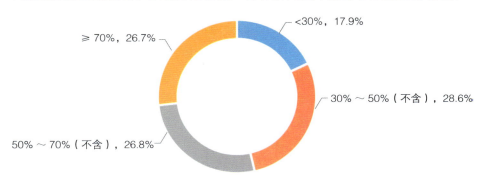

图3-36 浙江省社会环境监测机构毛利率情况及占比

净利润率方面，净利润率＜5%的环境监测机构数量占比为43.1%；净利润率为5%～10%（不含）的环境监测机构数量占比为20.4%；净利润率为10%～20%（不含）的环境监测机构数量占比为24.8%；净利润率为20%～30%（不含）的环境监测机构数量占比为7.3%；净利润率>30%的环境监测机构数量占比为4.4%（图3-37）。行业整体平均净利润为9.97%，剔除亏损企业后的净利润有所提升，达到13.39%。因此，行业中超过40%的企业处在微利甚至亏损的状态（不含净利润亏损的企业）。

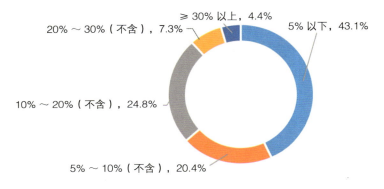

图3-37 浙江省社会环境监测机构净利率情况及占比

综合毛利率和净利率数据，行业毛利率较高而净利润较低，反映出企业经营成本主要来自管理费、销售费、财务等费用。企业可以通过加强管理降本增效，提升企业净利润率。

3.3.3.5 净资产收益率情况

净资产收益率是净利润与平均股东权益的百分比，是公司税后利润除以净资产得到的百分比率，该指标反映股东权益的收益水平，用以衡量公司运用自有资本的效率。通常情况下，正常经营的企业其净资产收益率应高于同期银行存款利率，且越高越好。

浙江省社会环境监测机构行业整体平均净资产收益率为18.5%。分档统计浙江省社会环境监测机构净资产收益率分布情况：净资产收益率<10%（含净

利润为负）的环境监测机构数量占比为 46.8%；净资产收益率为 10%～20%（不含）的环境监测机构数量占比为 18.3%；净资产收益率为 20%～30%（不含）的环境监测机构数量占比为 14.7%；净资产收益率为 30%～50%（不含）的环境监测机构数量占比为 11.9%；净资产收益率 ≥ 50% 的环境监测机构数量占比为 8.3%（图 3-38）。整个行业的投资回报率较高，但是不同企业由于资本优势、管理优势的不同导致净资产收益率差异较大。

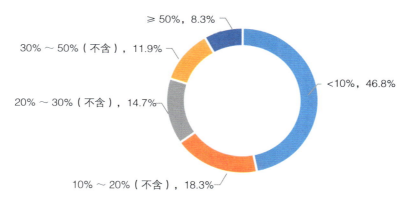

图 3-38　浙江省社会环境监测机构净资产收益率情况及占比

3.3.4　竞争优势

3.3.4.1　杜邦分析

杜邦分析以净资产收益率为核心的财务指标，通过财务指标的内在联系，系统、综合地分析企业的盈利水平，具有很鲜明的层次结构，是典型的利用财务指标之间的关系对企业财务进行综合分析的方法。杜邦分析是一种用来评价公司盈利能力和股东权益回报水平，从财务角度评价企业绩效的一种经典方法。其基本思想是将企业净资产收益率逐级分解为净利润率、总资产周转率和杠杆倍数三项财务比率的乘积，分别反映行业企业的利润水平、资产运营效率和债务情况。通过对企业三项指标进行拆解分析，有助于量化分析企业的竞争优势。

以本次调查收集的 2019 年浙江省社会环境监测机构财报数据为基础开展全行业企业的杜邦分析（图 3-39）。统计全行业各企业的净资产、总资产、净利润、总营业收入情况，可分别计算出全行业的净利润率、总资产周转率和杠杆倍数。2019 年，浙江全行业平均净资产收益率为 18.5%，反映出浙江省环境监测机构企业总体投资回报良好，环境监测行业需求较旺盛、市场空间未来仍具成长性。行业企业平均净利润率为 13.39%，业内企业经营情况尚可。行业门槛低必然带来低价竞争，企业如仅将精力集中于开辟新用户、占领市场，对用户需求、未来行业趋势等方面信息把握不足，会导致技术和产品服务上有很大的不确定性，产品服务质量不高。行业企业总资产周转率为 91.53%，反映出行业内企业资产运营效率仍有提升空间。杠杆倍数为 1.509 4，表明业内企业资产负债率不高，可能与企业对行业发展持谨慎态度，导致不愿意融资发展，或者与企业融资难有关。

图 3-39　浙江省社会环境监测机构杜邦分析

总体而言，杜邦分析表明浙江省社会环境监测行业目前仍然处于行业发展初期，市场需求增长较快、市场增长率较高但门槛低导致竞争激烈，业内企业资产运营效率普遍不高，加之技术实力差异化不足导致同质化竞争。当前行业仍处于发展初期，未来还有很大的发展空间。

3.3.4.2　波特五力模型分析

波特五力模型是分析产业吸引力和公司竞争状况的商业模型。波特五力模型将行业中存在的决定行业竞争的规模和程度要素以五种力量划分，这五种力量综合起来影响着产业的吸引力以及现有企业的竞争战略决策。五种力量分别为供应商的讨价还价能力、购买者的议价能力、潜在竞争者进入的能力、替代品的替代能力、同行业内现有竞争者的竞争能力。

（1）供应商的讨价还价能力。

环境监测产业链上游主要包括硬件、软件、监测试剂供应商，多为传感器、电磁阀、紫外灯、光学镜片等硬件制造企业、设备集成供应和运维商、试剂类企业及监测系统软件制造企业。环境监测行业所需试剂和药品包括硫酸、盐酸、苯、甲苯、高锰酸钾等，属于日常耗用品，试剂耗材类供应商数量较多，价格相对稳定。大型仪器多是国外进口或国际分析仪器的知名品牌，一般价格较为昂贵。总体而言，环境监测上游硬件、软件及试剂的市场较为成熟，分析测试仪器设备制造行业的发展趋势平稳；行业内生产试剂耗材的企业较多、竞争较为充分，监测行业所需的仪器设备、试剂耗材来源广泛，市场供应充足。

（2）购买者的议价能力。

长期以来，我国实行的是由政府有关部门所属环境监测机构为主开展监测活动的单一管理体制。环境监测服务社会化改革之前，能够提供环境监测服务的主要以政府生态环境主管部门所属的各级环境监测站为主。由于受环境监测站事业单位的体制机制限制，环境监测能力远不能满足经济发展的需求，总体监测能力相对监测业务需求量来说明显不足，造成监测市场供不应求的局面。在充分竞争的市场化格局下，作为环境监测业务的需求方，政府和各排污企业都希望通过更低的价格获得成本更低、时间最短、监测指标全面、能够满足需要的监测报告及产品。因为产品标准化或差异很小，能够提供同样环境监测业务的机构和服务商较多，此时的环境监测市场出现了供大于求的局面。相对于服务的差异性，购买者对成本的高低更为敏感。同时，对于购买者而言，更换环境监测供应商几乎没有成本。在多种因素条件作用下，购买者的议价能力较强，环境监测机构地位相对弱势。

（3）潜在竞争者进入的能力

我国现行法律法规、国务院文件和部门规章制度等对社会化监测机构运行及其管理做了一些规定。根据国务院各部门分工，目前社会化环境监测机构资质认定由国家市场监督管理总局负责。2015年4月，环境保护部在上海、吉林、江苏、浙江、山东、广东和云南七个省（市）开展环境监测服务社会化试点，在监测机构市场准入方面进行了积极探索，包括采取"备案制""资格认定制"和"名录制"等。但由于国家政府部门大力推进简政放权改革，减少职业资格许可和认定工作，"备案制"和"资格认定制"因此未大面积推广。以《关于推进环境监测市场化工作的意见》（浙环发〔2013〕44号）为例，浙江省对社会环境监测机构的设立要求中硬性指标仅是通过CMA认证、省内法人组织或分支机构，但在专业人员、设备仪器、实验室环境等方面并未制定量化标准要求。环境监测服务社会化改革后，越来越多的资本和企业期望能进入环境监测服务行业，导致新进入者众多，行业竞争呈现加剧的趋势。

（4）替代品的替代能力

由于环境监测行业的特殊性，环境监测服务尚不能完全脱离人工实现环境监测的全过程服务，现有行业服务及产品的替代性风险较小。但随着技术的进步和环境监测技术设备的更新换代，环境监测体现出仪器的自动化、小型化、复合化，以及监测流程的简捷化和结果的快速化等新的发展趋势。仪器小型化是指便携、操作简单，分析速度快的仪器设备。便携式仪器便于现场实时监测，在突发性污染事故和污染纠纷的现场监测中需求广泛。而复合化是指大型仪器连接起来连续监测，并采用计算机控制，这样可集中不同大型仪器的优点，拓宽监测领域，提高分析水平。总体而言，未来相当长的时期内，环境监测业务总量仍呈增长态势，替代品的威胁还较为有限，更多的是仪器设备的改进和技术方法的进步，为各类各行业环境监测提供更加优质的监测技术服务。

（5）同行业内现有竞争者的竞争能力

当前，社会环境监测市场处于充分市场竞争状态，各监测机构均能感受到充分的市场竞争压力。对于一些技术要求不高的监测业务，竞争尤为激烈。而对于复杂和特殊项目等监测业务，同行业竞争较低，因为其对技术条件、人员要求、实验室能力等要求较高。行业内现有竞争者只要合理定位，都能在目前快速增长的环境监测市场上得到发展。

3.4 结论

基于浙江省 2019 年社会环境监测机构调查的数据统计和财报数据分析，行业的基本状态呈现出清晰的初始发展阶段的典型特征：市场表现力活跃，民营经济占据着主导地位；规模和业务量为中型偏小水平，技术能力和硬件配置水平处于缓慢稳步成长境况；人员构成符合经营状态，人员流动性大；盈利能力相对薄弱，缺乏强有力的发展后劲和扩展能力。总体上，浙江省社会环境监测行业仍然处于发展初期，其行业竞争激烈，盈利能力相对较弱。

4

行业优势推论和面临困境解析

ZHEJIANGSHENG SHEHUI HUANJING JIANCE
HANGYE FAZHAN BAOGAO
（2020）

4.1 概述

对行业现状进行恰如其分的评析和推断，是促进行业精准把握发展趋势、切实抓住发展机遇、圆满实现发展前景的关键。只有准确、全面地了解和掌握行业优势，切合实际分析行业面临的困境，才能保证行业能以健康稳定的势头不断前行。在总结分析行业调研数据的基础上，将行业通过几年来市场洗礼所形成的优势点和急需化解的困境点做以下甄选分类。总体来说，对行业的优势推断和困境解析都是立足于对市场形势和机构行为的现象性表现所做的性质分析，主要是为了将纷繁复杂的诸多正反现象予以归纳梳理，以期可以精准施策。

4.2 优势甄选和效应推论

4.2.1 职业崇高感和优质团队基本形成

从浙江省近万名环境监测在岗人员的基本素质构成和业绩表现来看，他们身上已经基本具备适应快速增长的环境监测任务的职业精神和业务能力，并以各监测机构为基点，形成了一批足以承担和完成各种复杂、艰巨、高难度环境监测工作的精干团队，这是十余年环境监测社会化进展以来所取得的最宝贵财富。分析浙江省环境监测队伍的基本素质，具有以下明显的优质特征。

（1）普遍具有职业崇高感。

从近年市场运行状况来看，环境监测行业还是属于微利初始行业，特别是大多数从业人员均处于现场作业第一线，在没有丰厚报酬和优越工作条件的情况下，他们风餐露宿，长年跋山涉水、攀高钻洞，严寒酷暑奔波野外，许多时候还要冒着高污染、高腐蚀、高毒害的危险，如果没有职业的奉献精神和坚守勇气，没有为环境保护事业贡献力量的初心，是很难忠于职守且屡建功勋的。行业中每年予以表彰的优秀模范人物都是他们中间的杰出代表。正是有了这支甘于献身的队伍，行业才有了良好的社会形象和业绩口碑。

（2）突出体现攻坚克难力。

浙江省近年来在生态环境领域成果丰硕，这离不开环境监测力量的突出作为，在保证全面且不打折扣地完成环境保护治理和生态建设的常规业务任务外，环境监测队伍还是一支不负使命善打硬仗的队伍。如在杭州 G20 国际峰会期间，多支环境监测队伍活跃在环境保障最关键的位置，他们不分昼夜听从召唤，不计得失勤于职守，圆满完成峰会期间环境监控任务并交出了令人满意的答卷；在武汉抗疫最危急的时刻，一批批环境监测应急队伍直赴抗疫最前线，他们或在救援筹建工地或在医疗处置现场，时刻以警觉的眼光和严谨的技艺，细致把控着抗疫环境监测关；当有突发的危险病毒发生泄漏时，环境监测人员总是第一时间奔赴现场，为精准解除危险、消除危害提供第一手数据。这是一支出之能战、战之能赢的队伍。

（3）扎实提升能力成长度。

在浙江省环境监测队伍中数量占比较大的是自行成长的民营企业，他们之所以能在激烈的市场竞争中快速成为行业的翘楚，靠的是他们发自内心地对业务能力提升的渴望度。他们视技术进步、质量可靠为企业的生命，依靠人才成功培育的激励机制，依靠和科研院所、大专院校的密切合作，依靠国际先进水平的敢于投入，依靠始于实际用于实际的研发之心，孕育了一大批比肩国际、领先国内先进水平的专利技术和前沿技术，使整个行业整体上形成了技术含量很高的优质产业。

（4）充分发扬社会公益心。

从宏观意义上看，生态环境保护是造福全人类、有益全社会的福祉，更是功德无量的千秋大业。在这个领域辛勤耕耘的人总怀有一份公益与奉献的初心，因为只有全社会对生态环境充分关注和全员参与，才是实现人与自然和谐共存的最终归宿。环境监测与社会公益紧密结合起来，才是这个行业长盛不衰的基点。积极投身公益，这份职业特征在浙江省环境监测行业内尤为突出，许多从业者自觉加入环境保护志愿者队伍，从水系维护到垃圾分类，处处可以看到他们的身影。每当重大节庆假期，总有弘扬生态环境保护理念的专业人员活跃在社会各个层面。除与职业相关的公益活动外，在慈善捐献、无偿献血、助农扶贫、爱心助学等公益举措中，环境监测人员也总站在最前面。

（5）自觉维护诚信律己准则。

长期以来市场行为的诚信维护主要是建立在道德约束上，在尚未健全诚信评价体系和激活诚信操作机制的情况下，浙江省环境监测的从业机构，尤其是领先企业的市场行为，基本能自觉遵循职业自律的底线，无论是市场客户的投诉反馈还是公开承诺的"湖州宣言"，都是环境监测领域的主流作为。许多企业严把数据质量关，放弃短时期的获利社会，以大局目标和长远利益为重，坚决摒弃和抵制不良行为对市场的干扰。这种自觉自律的风范是形成整个市场诚信建设最可依靠的正能量。

4.2.2 政策保障体系和监管实施细则初步建成

浙江省是环境监测社会化工作开展较早的省份，最早可回溯到 2012 年。经过近 10 年的不断摸索和推进，浙江省从政策和制度层面已发展到政策保障体系和监管实施细则初步建成阶段。其中以两份导向性的政策文件为标志：一是 2013 年 8 月浙江省环境保护厅发布的《关于推进环境检测市场化工作的意见》（浙环发〔2013〕44 号），为整个浙江省推进环境监测社会化进程做了准则机制和发展轨迹的基础；二是 2017 年 9 月，根据中共中央办公厅、国务院办公厅《关于深化环境检监改革 提高环境监测数据质量的意见》，浙江省及时制定《浙江省深化环境监测改革 提高环境监测数据质量的实施方案》，这是在全面总结几年社会化进程的基础上，再次为健康快速实施社会化运作做助推和保障。

以这两份文件为界限标志，浙江环境监测行业已经完成从活跃创建到稳定发展的过渡，所谓稳定期带来的优势特征主要有：市场机制持续创新，法规建设日益健全；推进手段多措并举，不良行为综合防范；责任细化分层落实，监管强化高压震慑。只有有效遏制乱象蔓延，才能充分发挥行业优势，基于这个意义，政策保障、制度严明、职责到位是行业得以稳定发展最大的优势。

4.2.3 技术成长和综合能力十分突出

浙江省社会环境监测机构的起源主要划分为三大类型：一是由国有监测机构转型延承而来，基本承接原来构建严谨、底蕴深厚、能力突出的特点，尤其在管理、技术、设备等环节，具有基本功扎实、配置完备、技术交流面广等优势和充分的技术自我研发提升的原发能力，因此成为行业内率先实现技术突破的领先者；二是在市场大潮激发中，有很多民间资本组建，并随着市场的兴起的环境监测机构。这些机构发展势头猛，新生力量强，特别是机构的创始人往往具备某一方面的专业特长或拥有专利技术，在环境监测的某一专业领域具有独到的技术优势，从而能突出地占据某一技术高地，再加上成熟和灵活的市场操控能力，使之成为激活市场运作能力的有生力量；三是由具备多领域监测能力的综合监测机构扩充而来，其综合性的优势、成熟的监测能力可以快速适应和提升环境监测专业领域的技术水平。这三类大型机构的互相激发和竞争较量使浙江省环境监测的技术水平在近几年实现大幅的提升。目前在有机物监测、超低排放监测、遥感监测、生物毒性监测等领域已形成成熟的应用性技术系统，并具备技术升级的自我研发和提升能力。目前，一些较大规模机构已经形成多种产业园区环境保护综合解决方案、环保管家服务、智能化远程监控等集约化技术的组织和实施能力。

4.2.4 实验室规模和仪器设备档次国内领先

从数据统计中可以清晰地看到，浙江省社会环境监测机构的技术水平特别是硬件配备已经在国内处于较为领先的地位。据不完全统计，截至2019年年末，浙江省社会环境监测机构平均实验室用房面积达到 $1\,149m^2$，仪器设备配置齐全、性能先进、类别多样，能高质量地完成各级各类环境监测任务。根据走访机构调研的直接体验可以感受到，绝大部分机构位于技术集散地，营业条件优良、实验室环境优越、技术交流合作便捷，工作效率较高。这些高起点、高位势的硬件优势，是环境监测机构能够胜任未来挑战和拓展业务纵深的先决保障。以领先企业的样本为例，实验室用房面积超过 $1\,500m^2$ 的机构数量已占据总数量的 1/5 以上。由此可以断定，在以仪器设备为重要支撑的行业里，浙江省已经基本形成优质资源优势。

4.2.5 智能化物联网应用率先起步

自动取样、智能控制、远程操作，这一系列智能化物联网状态下的环境监测新模式在浙江已开始进入实质性应用阶段，特别是在一些国控、省控水域断面、城市空气质量监测站点，智能化装置已经实现大范围应用。监测机构传统的人工采样作业已经开始被智能设备取代。有迹象表明，取代的进展和应用范围将得到快速的推广和发展。同时仪器设备供应商已经把智能化设备的推广重点瞄准浙江市场，在历年惯常的设备展销时，供应商已经开始试探性地亮出智能化设备的新品。目前，智能化设备较多见于机构自身的开发研究产品，但新生力量的触角已经在环境监测行业展现了强大的生命力和广阔的前景。

4.2.6 任务完成率优异，客户满意度高

因为缺乏不同省份间横向比较的数据，所以难以判断浙江省环境监测的总体水平在国内处于何种档次，但从浙江省生态环境总体改善水平和市场客户满意度反馈的侧向评价，浙江省环境监测行业基本能按时按量按合同要求完成全年的工作任务，为全省的污染防治攻坚和生态环境的改善提升发挥了应有的技术支撑和数据保证作用。另外，根据梳理市场收集的信息，历年来，环境监测市场的客户投诉率一直较低，由此可见，浙江省环境监测行业总体运行处于合规合约、高完成率的状态。主流和领先企业的优质表现是浙江省环境监测行业保持增长势头并可以进一步加以发挥的优势。

4.2.7 创新是激发行业持续向上的最大动能

通过对浙江省环境监测行业的现状进行全面摸底评估，可以清晰地归纳出维系行业活力、予以推动和激发行业发展与上升的主要动力，就是来自行业各个方面的创新理念和创新举措。从行业主管层面看，除切实抓好政策规

范和监督管理外，不间断地推出能动员全行业参与、能促发全行业提升能力的创新活动，是将创新贯以全局的主线。如全省专业技术人员的监测技能大比武、机构能力比对考核、数据质量监督检查、污染防治攻坚战的全员发动等一系列富有实效的行动，不但是对行业能力的促进，还是全社会生态环境保护理念的普及。从社会组织层面来看，创新的举措层出不穷，从形式和内容上都可以对行业健康发展起到积极的推进作用，如培训面和针对性有着质的升华的"云课堂"，为诚信建设施以技术保障的"信息平台"，为促进机构能力提升和鉴别的"能力评估"，为全国同行业实现信息沟通和资源共享的"专业联盟"，有理论前瞻和技术交流的"绿浙论坛"，不仅创新激活了社会组织的活力，也畅通了行业的连接。从机构层面来看，各种创新亮点不断闪耀，如自制设备的智能监测站点，有自行开发智能设备投入采样第一线，有将主控实验室流程的 LIMS 系统推广到监测全过程监控和全行业应用，有将股权向全员释放，实施全员事业捆绑的管理新制，有独辟模式探索设备租赁实验室共享的联动新机制。创新激发的活力正在释放巨大的行业潜能，并将持续为行业前行输送能量。

4.3　困境列举和现象描述

在坚守中发展，在创新中上升，在困境中突破，这是浙江省环境监测行业的总体格局。当前整个行业面临的困境是不可违避的现状，切实准确地掌握困境的表现形式和现象特点，将有助于破解困境，化不利为有利。困中寻机，纾困化难，是发展的首要之道，别无他路。

4.3.1　行业监督管理存在制度短板

在发展初期，政府对市场的监管起着至关重要的作用，其中制度保障是基础，有效监管是保障。从市场实际运行来看，在市场监管方面最明显的问题是监管和发展错配，监管存在遗漏。目前，国家全面开放环境监测市场已经进入实质性阶段，但长期以来国家层面的法律和行政法规缺位，导致生态环境监测市场监管的责任主体不明、手段有限、法律依据不足，社会环境监测机构大量涌现，以低价竞争为主要现象的无序竞争时有发生，导致"劣币驱逐良币""市场暗流难抑"等乱象频发，不利于行业健康发展。环境监测市场的监管错配和遗漏，还存在与对社会环境监测机构事中事后监管、社会环境监测服务质量评价与信用管理等相关制度不完善，相关流程执行操作性差，惩处和奖励缺乏评判和执行方，并且时效性较为滞后的问题。这使得低价竞争难以遏制、数据弄虚作假等现象有所发生，制约并影响着整个环境监测市场的良性发展。

4.3.2 行业"小、散、弱"格局突出

近年来浙江省社会环境监测行业整体发展形势良好，监测机构数量、从业人数、资产规模和营业收入等指标上都有了大幅增长。企业机构数量稳步增加，综合实力不断增强，但"小、散、弱"机构数量过大，造成市场化发展不足的问题仍然客观存在。截至 2019 年，浙江省社会环境监测行业尚无大型企业，小微企业数量占比高达 93.5%，前十家和前五家机构的市场占有率分别为 17.9% 和 10.4%，头部企业的市场占有率并不高。社会环境监测机构多为中小微企业的现状，对人才引进、人才培养和激励措施的实施和监测仪器即时更新与实验室高精尖仪器储备持续增强都是极大的影响。调查还发现，2014—2019 年，浙江省社会环境监测机构实验室用房面积由 15.19 万 m^2 增长到 26.69 万 m^2，增速远低于机构数量和营业收入增速，表明业内机构对自身实验室和能力建设方面尚有待加强。人员和设备的储备不足共同制约了社会监测机构长期健康发展。

由于行业规模不大、企业经营业务来源单一，业内机构受政策波动和目标任务的转型影响较大，企业微利甚至亏损抢占市场的情况时有发生。同时由于行业进入门槛较低，在低门槛、高毛利率的吸引下，外来资本既有参与环境监测的强烈意愿，又有小规模快速进入或快速撤离的现象，这种相悖的矛盾行为因为一时难以避免，所以导致行业竞争更加复杂多变。同时，由于

目前对环境监测市场准入、事中事后监管不足，也引发小微环境监测机构更容易发生弄虚作假、偷工减料的极端行为，这种极少祸端却造成市场总体诚信度不高的困境，是处于快速成长的行业所隐伏的危机。

4.3.3 初期效应带来的无序竞争

从第 3 章的分析中可以得出一个最基本的判断，就是整个环境监测行业正处于"初期效应"牵动的不稳定时期。所谓初期效应，是指一个行业或一个地区市场化开发的初始阶段必然会引发存在一定时期的"抢滩"行动，在"抢滩"的时机和机遇刺激下，一时一地的失控失序甚至失败无可避免。综观分析全国整个环境监测市场的情况，在环境监测行业推行社会化发展初期，这一效应表现得也较为典型，浙江省所发生的无序竞争现象虽然相对较少，但必须对此引以为戒。具体的无序竞争的表现大致有以下几种。

（1）一哄而上。

当市场存在大量机会，获利空间巨增的时段，无数家业内业外、域内域外的企业或个人不管实力能力是否胜任，都不顾一切地扑利而来，特别是初期因进入门槛不高，为数不少的企业抱着先占位再谋业的心态，抢先到位。表面看来发展势头旺盛，但却埋下了隐患。

（2）强弱共存。

强弱共存原本应该是健康市场的正常格局，但在发展初期，处于散弱地位的企业不是按照拾遗补阙来定位，而是在主道上阻塞正常交通。因此，每当一个项目例行招标时，就会出现强弱差距明显的机构站在同一起跑线，这种共存局面会使得关系开道、低价决断的不良手段难以被遏制。

（3）竞争虚化。

竞争本是市场第一要素，是促进市场发育的主要手段。由于缺乏必要的竞争条件的制约，一些非市场行为挤入市场的选择之中，如虚拟竞争对手组成投标群体，结成默契联盟，减少实际竞争程度等行为，使正常的竞争形同虚设，例行过场。

（4）投机取巧。

无门槛进入表面上造成了快速发展数量快增的假象，实际上是为不正当竞争打开了缺口。一些缺乏正常竞争力的机构进入市场后，会迫于生存压力而肆意采取投机取巧的不法行为。如在低价获取合同后，为缩减正常成本，刻意省略正常的监测流程，人为编制监测成果，或者是直接跳过必需的仪器检验步骤，随意杜撰实验结论。

（5）背信弃义。

无视合同约束，契约精神淡薄。对合同确立的工艺流程、仪器使用、质量要求丢三落四，或避重就轻，甚至直接套用先前项目的数据。违背合同行为是对市场诚信的最大危害，不但使环境监测流于形式，更贻误了环境污染整治的战机。

（6）后劲乏力。

市场不良行为的唯一出发点是不择手段为之获利，因此对技术提升、人才培育、管理升级、设备更新等企业发展要素往往不屑投入和储备，能够撑门面应付场合就敷衍过关，根本谈不上为企业长期发展，为环境监测总体目标聚集力量和孕育后劲。

（7）铤而走险。

当利益达到一定程度时，铤而走险这种违法犯罪的行为就贸然而行。数据造假和谎编成果是其中最卑劣的违法行为，这种行为不仅属于无功获利，还让环保成果毁于一旦。为获益而无视底线的行为在市场初始阶段较易发生。

（8）急功近利。

环境监测行业总体上是一个以技术为支撑的专业，需要在技术功底、仪器投入、人才储备上经过日积月累的积淀，需要企业在正常履行合同的同时重视后劲的积聚，为日益艰巨繁重的环境监测任务做好长远准备。但在利益驱使下，急功近利会让企业将再生产能力的提升直接被弃置一边。

（9）场外交易。

成熟的市场将所有交易都摆在公开、公正、公平的桌面之上，都纳入法制规范的监控之中，但初级市场往往会发生暗箱操作和场外交易等情况，拉关系搞默契走后门、为钱权交易打开通道，使正常的资格审查、技术评定、流程鉴别、能力衡量都成为摆设。

在无序竞争尚未得到根本遏制的情况下，以上情况虽是极偶发的现象，却对整个市场环境起到极大的破坏作用，导致的严重后果主要有以下几点。

（1）冲乱价格均衡体系。

成熟的市场是按照商品价值来总体平衡价格体系的，对于环境监测服务供应来说，市场将依据服务的技术含量、人力成本、成果质量、资源消耗等流程和要求，自主构成一个价格平衡体系。但在发展初期，大量流离市场正常行为、非服务流程的因素存在，靠删减必要流程或降低质量要求来获取盈利，会严重冲击市场的价格体系。价格平衡和依据被冲乱后，致使一些遵循技术和以质取胜的优质机构，既不甘同流合污又不愿亏本经营，于是只好躲离不正常的竞争而退出市场。因此，对市场价格体系的干扰冲击势必会退化市场能力，阻碍市场成长。

（2）降低数据质量水准。

非正常手段的竞争能存在并横行，必定是降低服务质量获取非法利润为结果。靠低价采用非法手段获得的合同要想维持获利，只有靠减删必要投入和流程，甚至采用数据造假的手段来炮制一份虚假的监测成果。用数据成果来体现服务水准的监测行业，对数据质量的鉴验和认准是需要一定的技术手段和过程判别的，因此出现数据质量低劣的现象可以一时得逞。环境监测数据质量降低不但使环境监测成了无效投入和无根作为，更错误地引导了环境治理和生态重建，造成了一系列严重的社会性危害，从而严重削弱政府的公信权威。

（3）减弱技术进步动力。

无序竞争最投机的行为是用场外手段去获利，最大的捷径是直接排除市场进步最需依赖的技术提升关隘。由于技术进步具有预投入和回报相对滞后的特性，如果获利绕开这一环节，技术进步的动力和热情必将受到极大地冲击甚至被扼杀，长此以往，不但技术进步的回报被减弱，而且最直接的开发投入都无从谈起。可以说，无序竞争是行业技术进步的最大障碍。

(4) 妨碍公平竞争原则。

所谓公平竞争，就是市场参与方一切按照约定的市场公理来展开，也就是俗称的遵守游戏规则。比如大家约定俗成地认为，常规的水质监测需要按照规范，履行那些不可缺少的现场取样、样品封装、检测分析、质量控制、实验结论、数据核实、成果报告等既定流程，但无序竞争实际上是排斥公理的乱象，是无视公平的捣乱，只要市场的公平原则被破坏，必然会引发市场之乱，导致祸害滋生。

(5) 阻碍优秀胜出定律。

优胜劣汰永远是市场无情的准则，但在无序状态下，往往出现"劣币驱逐良币"的现象发生。恶性竞争会导致市场难以健康成长，使市场长期处于低水平状态，更有甚者，市场容不下优质因素的优质化聚集和主导，甚至让优质因素远离市场而去。通过对市场现状评判得出：当一个市场迟迟不能形成优质导向和优质覆盖的局面，其原因除有政策倾斜、需求乏力或提升失当等情况外，最大的可能是市场存在优质难以胜出的怪现象，深入分析就是市场行为中一定存在或隐伏着无序竞争的危害。

4.3.4 市场需求与服务能力背离的先天不足

实施环境监测社会化改革以来，浙江省社会环境监测行业市场虽有增长，但现有环境监测市场占环保市场比重仍较低。2019年浙江省社会环境监测机构数量为273家，每家机构年均合同金额仅为551万元。业内企业"小、散、弱"等发展不足的问题仍然客观存在，这表明整个行业尚处于发展初期。

环境监测市场需求主要来自政府端和企业端。分析2017—2019年政府和企业委托合同金额及变化，一个明显的趋势是政府委托项目呈逐年减少的态势。2017年政府委托合同金额为5.58亿元，约占当年社会环境监测机构合同总金额的45.1%，而到了2019年政府委托合同金额下降到2.87亿元，只占当年社会环境监测机构合同总金额的 19.1 %。与之形成鲜明对比的是企业委托合同金额的稳步增长，2018 年、2019 年企业委托合同金额分别同比上年增长了 43.8% 和 24.9%，显示随着环境监测市场的放开，来自企业端的业务增量在稳步上升。浙江省环境监测市场的增量更多地来自企业自行监测，这表明浙江省环境监测市场内生性动力在增强，市场的活力在不断提升。相对于政府部门，企业的环境监测需求更为明确、对成本更为敏感。因此，来自企业端的项目较政府端利润率更低，这不利于社会环境监测机构的利润积累和长期发展。

以上就是竞争分散的主要表现，这种表现之所以存在，供需两方面的原因都有。需求方的改善将从政策扶植、刚性化定型、大目标牵动、服务水准引导等涉及社会性各层面综合着手。供应方的改善主要从两个层面入手，一是给优质强势企业以充分的扩展空间；二是给量大面广的小微企业可以配套的链状空间和可以回旋的补充空间。

4.3.5 市场格局变化引发的生存困境

生存困境目前虽然还普遍存在，但主要集中在为数众多的小微企业中。从机构合同金额变化的情况分析，当前市场格局变化的主要表现有长线需求逐渐增多，执行质量要求流程明确的项目在占据主要地位，尤其是来自排污企业的综合性而非应对性的需求露出苗头，这些需求的改变或倾向，按照规则将向优质规模企业倾斜。这样一来，在以需求为导向的市场上，小微企业的存在空间被进一步挤压。理论上，优胜劣汰、适者生存是市场趋势，但量大面广的小微企业面临的现实困境也是需要关注的重点。如何在困境的缝隙中给它们正当的机会和空间，使其不至于在无法立足的情况下铤而走险，这是我们要思考的问题，这样才是市场具有的良性态势。

4.3.6 区域局限限制发展的空间拓展性

从市场监管的角度来看，一段时期施行的"备案制""准入制""资格评定制"确实给规整市场秩序产生了直接的正面作用，但同时也会对资源跨区域流动和竞争的开放性产生一定的阻碍，这是一个两难的关系，"不管乱，管则死"的结局也让一些企业在竞争中束手束脚。让市场自己做主的准则是充分遵循市场的基本点，但由于市场初级阶段难以掌控，一定时期尤其是从始发到成熟的过渡时期，管理上的限制还是十分必要的，关键是如何引导和培育企业强化跨区域的空间拓展能力。

4.3.7　人才缺失及再造乏力导致的素质低落

调查结果显示，浙江省社会环境监测机构超过 50% 的监测人员年龄为 25～35 岁。技术职称人数占比上，高级及以上职称人数占比仅为 3.3%。调查数据充分表明，一个年轻行业最大的特点就是年轻人占据绝对大的比例，这是行业的朝气，但同时也是行业的困境。这个困境的特征有：一是人才流动率过大，有些机构甚至一年内人员换了 50%，不稳定的队伍难以形成核心竞争力；二是高素质人才缺乏，许多环境监测机构在面对复杂和新的监测问题时，感觉困难重重、无处下手；三是人才培育缺乏机制，无论是人才技能的提高，还是人才成长的谋略，一些环境监测机构缺乏中长期发展规划；四是人才技能单一，人才发展空间狭窄造成队伍失衡，许多机构的人才培训只满足于应对人员的日常工作，而对技术要求日益提高的综合性能力缺乏储备，一旦遇到具有挑战性的项目就会束手无策，出现科研能力不强的问题。因此可以判断人才缺失和再造乏力是环境监测机构面临的最大困境，同时也为行业整体的人才计划和输送提出了新课题。

4.3.8　融资单一致使设备升级更新难以实现

调查表明，环境监测机构的性质和资金的来源相对简单，与目前社会上许多新型行业的资金结构有一定的差距。2019 年，浙江省全行业的平均资产负债率为 33.8%，总体负债率不高。除个别中型环境监测机构通过企业上市的途径获得市场化的资金融合外，大部分环境监测机构还是基本依靠自有资金、母公司输入或简单集资等少数融资方式。资金的单一性带来的活力不够、管理单一、投入受阻、人才疏远的后果屡有发生。如何从需求导向型走向技术引导型并发展到资金扩展型将是分化提升环境监测机构能力的跳板。目前来看，资金组成的单一主要是给机构技术更新、设备更新带来难度，更进一步的问题是对企业扩展和领域的突破直接造成淤积。

4.3.9　机构同质化发展造成供应拥挤过剩

社会环境监测机构是行业发展的主体力量，对于大多数机构来说，现在最大的问题是所有的机构几乎都是一个模式产生和发展的，这就是所谓的同质化。一方面，同质化会造成行业难以快速发展，即未能出现异军突起的标杆或领军企业的引领，未能促发市场供需平衡出现创新性的变革；另一方面，同质化也使小微企业生存越来越困难，更为棘手的市场窘境是同质化的普遍使得市场上一些业务被蜂拥而抢，一些业务被冷落忽视，企业鲜少以开创性、稀缺性的高质、优质、新颖服务去开创市场。摒弃同质化需要市场优胜劣汰的高压，也需要政策面的强化引导来树立环境监测的标杆型企业，更需要在信息交流、理论催化、技术前瞻上有明确的责任方去引导机构发展。

4.3.10　规划导向薄弱致使发展盲目

调查揭示，许多环境监测机构的发展仅仅建立在当前市场存在的需求上，极少有机构从国家生态环境的规划和布局出发，从创新开拓需求着手去规划自身企业的发展方向。机构过分依赖市场的既有需求来进行企业发展的布局，造成机构的发展出现无所适从的困境。前景不明确，规划不吃透，使一大批企业在机遇到来时采用临时抱佛脚的对付之策，总是在打无准备之仗。目光短浅不单单是企业生存之急而引发的，更是出于企业对市场动态缺乏前瞻而造成的。

4.4　结论

优势突出、困境严峻，是当前环境监测行业存在的显著特点，虽然这是相互矛盾的两极现象，但也有同步存在的错综复杂关系。许多时候，在一个地区甚至在一家机构内，这种对立的现象会同时存在，这就是行业发展初期尚未厘清的特殊情况。因此，认清现实就必须综合、辩证地看待正反现象共存的局势，这正是行业发展需要面对的难题和重点。问题的关键不是有没有问题，而是如何看清摸透问题，失去对优势的认识，就会失去自信、失去动力，模糊困境就会陷入困境不能自拔，只有充分揭示行业存在正反两方面的事实，才有可能走稳、走对、走快今后的发展之路。

5

发展战略对策和实施举措建议

ZHEJIANGSHENG SHEHUI HUANJING JIANCE
HANGYE FAZHAN BAOGAO
（2020）

5.1 概述

本章从发展战略的角度，对推动和掌控行业的发展应采取如何对策，如何进行方向性的思考，如何进行职责分类阐述，如何针对行业游离于发展趋势、难以实现发展前景的困境寻就纾困解难之道，以促使和保障行业沿着健康、稳定、正确的轨道前行进行论述。这是一个系统性的推进战略，并需要在实践中反复改进完善的艰巨任务。

5.2 发展战略对策

5.2.1 高屋建瓴精准顶层设计

生态环境部是完善环境监测社会化顶层设计的主导、主责、主管部门，要率先推开顶层设计的具体进展，并实施和加强顶层设计各项政策的贯彻和制度落实。首先要大力加强行业自律引导，坚决遏制恶意低价竞争，切实保证诚实守信的环境监测机构能占据市场主导地位，并逐步做大做强。其次要与相关部门密切联系，着力帮助环境监测机构解决发展过程中遇到的困难，促进环境监测事业健康发展。最后顶层设计要完整提出维护市场诚信的可操作、可见效的方案。方案要具备环境监测机构信用等级评价、环境监测机构业务流程规范、环境监测机构制度建设等必须内容的规定。在此前提下，顶层设计还应相应配套对不守信用的环境监测机构要限制业务范围、禁入业务领域、处罚惩戒标准等政策规章。作为市场主要调节杠杆的价格体系，顶层设计中也应进行全面指引和建立具有直接指导意义的价格信息体系，完善和推行环境监测价格信息体系在市场竞争中的指导参照作用，并成为评析市场投标行为的经济依据和选择依据。

支持环境监测机构健康发展，保障业内各项工作顺利推进，是生态环境部重要的职责。生态环境部可加强部际沟通，与国家市场监督管理总局联合出台文件，对社会监测机构的监管主体、准入门槛和监管方式等做出规定，加强对监测机构监督管理，规范监测行为，提升监测能力与水平，培育和引导环境监测市场健康发展。

5.2.2 各司其职发挥监管功效

各级人民政府及生态环境主管部门、市场监管部门应着重做好市场培育和引导工作，保证环境监测市场健康发展。当前既要逐步加大放开环境监测服务市场的力度，切实实施让市场自行完善的机制，又要从政府和行业管理层面厘清生态环境系统监测单位与监测机构的法律法规责任、工作内容和相互关系等必要界限，健全生态环境监测数据的质量保障责任体系，并依据相关法规，严厉打击不当监测行为，推动监测行业健康有序发展。在实施依法监管、有效监管的同时，各级政府和生态环境主管部门还要加大行业支持力度，支持环境监测机构不断拓展工作内容。一方面，支持环境监测机构提升环境监测业务深度，将环境监测业务拓展到项目工程全过程，开展环评监测、工程建设期间监测、工程竣工验收监测、建设工程经济损益分析监测等；另一方面，支持环境监测机构拓展环境监测业务维度，将清洁生产效益水平监测、循环经济生产效果监测和低碳减排监测纳入业务范畴，推动环境监测机构高质量发展。各级人民政府及生态环境主管部门在行使监管权责的同时还要在生态环境保护理念等方面定期开展系列性活动，并有部署地落实各项扶助举措，真正使"管"和"助"融为一体、"奖"和"惩"双管齐下，促使环境监测市场在健康运行中强盛发展。

5.2.3 多元化发展是机构的战略方向

坚持多元化发展，是社会环境监测机构从战略高度主动应对市场竞争、把握未来趋势的有效取向。机构要精准寻求自身的发展之路，势必要先从强化和提高自身的能力做起，所有有助于机构能力提高的手段都必须盯紧在提高监测技术水平、经营效率的目标上，以自身多元化竞争能力的提升来抵御低价竞争、弄虚作假等市场不良行为，来丰富创造市场机会、稳固市场地位的资源，并联合市场参与方共同营造和维护良好的环境监测市场氛围。

社会环境监测机构多元化发展要着重从以下路径进行战略设计和战略

布局。

一是以创新的胆魄和智慧，不断拓展市场的经营面。社会环境监测机构在着力加强技术能力、服务能力和管理能力提升的基础上，在激烈的市场竞争中建立品牌知名度的前提下，努力寻找差异化的发展壮大之路。从目前市场发展态势来看，机构要想在市场需求不断变化的趋势中谋求自身的发展，就要根据自身的实际情况，立足熟知久历的现有市场，以开阔的视野、创新的胆魄和智慧，来选择拓展市场经营面的多元化发展之路。当企业原有的经营领域没有更大的盈利机会时，要全力开辟新领域，创造多元化新的市场机会。在实际操作上，谋划多元化发展战略要依托原先熟悉的行业，可以尝试着从延伸经营链入手。如从提供环境监测数据采集分析报告向环境监测运维服务延伸；从环境监测技术服务向实验室智能化运行、人员素质培训延伸；从既有的技术能力项向服务于新增需求能力项的延伸。同时，可以试探性地进行跨领域发展，从所调查数据来看，行业内优势机构多以综合性领域经营为长，机构在对自身人员、设备、资金等要素综合评定的基础上，从环境监测领域跨越式地走向食品、电器、安全等具有技术相关并有一定设备兼容的领域。

二是以充分的积累和分流，来增强规避风险的抵抗力。在保证机构总体盈利稳定的前提下，多元化发展就是规避经营风险的最大保障。对于机构来说，出于掌握经营节奏的原因，需要把力量有目的地分布于不同的专业，相当于"把鸡蛋放在不同的篮子里"。在市场化的大背景下，机构必须长远定位，主动采取预案布局的方式，通过对多专业技术人员的培养或引进，积累人才储备；通过对多功能实验室设备的添置或开发，预设硬件空间；通过对市场动向捕捉，分流经营力量等方面的战略设置，把战略发展的布局瞄准行业内高附加值市场、把握邻近相关行业动向及了解潜在客户需求上，有的放矢地进行技术积累和资源分流，在有效地建立市场风险防控体系的同时，随时进行多元化出击的战略，降低单一业务来源的风险，提高企业的抗风险能力。

三是以综合的调度和挖掘，优化开发资源的利用率。通常来说，社会环境监测机构所拥有的资源是动态储备,这种储备一方面是依靠长久的市场积累,另一方面是依靠新技术开发进行增量诱发。社会环境监测机构首先要对以资本、人才、设备为主体的市场积累性资源进行深度开发利用,通过资源配置、调度和挖掘,充分发挥资源多元化利用的效应,以市场需求和高附加值项目为切入点,对现有的资源进行重新整合,尽可能使机构优势资源通过多元化共享的途径,放大资源综合利用的作用。其次是通过管理效益的提高和资源信息化催化的诱发,达到现有资源的超量超值发挥。如已在水、大气、土壤等方面的环境监测已形成优势的机构,可进一步开发自身资源有效利用的能力,从市场需求出发,扩大业务范围,针对电磁辐射监测、噪声与放射性监测、光污染监测等领域实现多元化监测的布局。

机构在进行多元化发展的战略布局时,要慎重缜密地把握以下关节点。

(1) 选择时机是前提。

时机不成熟或错过时机都会造成战略上的被动,进入过早会因为企业准备不足而出现问题,进入过晚会因为延误时机而导致失败。

(2) 选择领域是重点。

机构进入新的经营领域,还应注意选择适合自身的领域。能发挥或激活自身优势的就是好领域。对于抢滩性的新兴行业,机构要善于觉察自身对此领域的引领和把控能力。在新的领域内还应注意选择好新的合作伙伴,如果合作伙伴能力欠缺企业又无力控制,必将会错过发展的大好时机。

(3) 选择流程是基础。

机构在进入新的经营领域时应该有一个周密而细致的计划。先从哪个产业或专业切入,站稳后再进入哪个产业或专业,投放资源的力度大小,运作周期的考量指标等都应有详细的规划掌控。

(4) 选择方式是关键。

在当前多元化的市场环境中,机构进入新的经营领域有许多方式可以采用。是自己设立新的企业还是并购,是与其他企业结盟还是控股或参股,机构要根据自身发展的战略目标、总体要求和企业实际情况进行慎重决策。

5.2.4 延伸服务拓展社会组织职能

在政府深化简政放权改革的大背景下，精干政府职能，拓展社会能力，是行业市场掌控从管理走向服务的必然趋势。充分发挥各级各类社会组织在延伸政府职能、承转政府行为过程中的作用是切实可行、富有实效的途径。当前，针对行业市场监管、引导、培育、扶植等方面的需求，以协会、学会、咨询评估事务所等形式组建、具有独立权威身份的社会组织拥有极大的协调、沟通、聚合、激发行业潜能的作用。首先要鼓励和落实社会组织在促进行业市场发展中的协调作用，这种作用体现在政府各项政策法规的落实中，体现在机构业务开展和政府管理实施的执行中，体现在保障环境监测产品成果的质量保证中。其次要授权和认可社会组织在行业自律、市场诚信建设中的组织引导作用。鼓励社会组织制定自律公约、服务标准、价格信息系统等方面的自律规范，支持社会组织在倡导第三方机构签订服务质量承诺、开展第三方机构综合能力评估、业务培训、技术比武、年度业绩报告抽查等活动中发挥组织作用，从而使行业服务水平的总体提升有组织、有落实、有监督、有成效。最后要健全社会环境监测机构管理制度，使社会组织发挥行业聚合作用有据可依。在国家相关规定的基础上，研究、制定和出台社会环境监测机构监督管理办法，进一步健全机构监管制度体系，构建政府、社会共治的工作格局。

对于环境监测行业来说，为切实保证社会组织发挥积极作用，当前须在政策和地区统筹中，先行做实做好两件事：一是充分发挥环境监测协会省际联盟的作用。通过专业性的省际联盟，可加强各地环境监测机构之间的资源共享信息沟通，促进区域合作共赢，助力会员企业跨区域发展。在信息畅通的基础上，可由联盟牵头，充分发挥协会组织的协调作用，统一环境监测的技术规范和质量控制准则，开展环境监测服务收费价格调研和成本核算，并以此作为社会机构从事环境监测收费业务和招投标管理单位的参考。重塑环境监测价格体系对杜绝低价竞争遏制弄虚作假的情况具有直接作用。二是构建社会环境监测机构信息管理平台，建立所属区域从业的监测机构、从业人员名录数据库，并通过大数据、人工智能等技术，实现对机构管理数字化、精准化、智能化，为高效监管提供强大的技术支撑。通过信息管理平台的运行，建立和激活社会环境监测机构诚信评价体系。建立从监测采样到实验室分析的全过程留痕制度和监管机制，采用专项信用评价指标及评分方法进行评级，将严重违法违规机构列入严重失信名单，并屏蔽和清除于行业之外。通过对社会环境监测机构开展信用评价和管理，将积极促进社会环境监测机构持续改进监测行为，做到依法监测、科学监测、诚信监测。

5.3 亟须实施的若干建议

5.3.1 系统推进行业管理体系完善

行业管理体系系统化完善主要涉及理顺管理制度、推进数字化进程和重塑价格体系三方面内容。从目前行业管理制度建设来看，生态环境主管部门尚无监管社会环境监测机构的法律依据和主体资格，相关调查取证程序和处罚标准缺失。建议加快出台《生态环境监测条例》，建立健全环境监测制度体系，重点在提高行业服务标准、环境监测数据质量全过程管理、环境监测数据弄虚作假行为的惩处等方面明确职责内容、操作程序和实施部门。加快推进环境监测数字化进程，建立社会环境监测行业大数据平台，应用 LIMS 等信息化手段加强环境实验室质量控制，提高浙江省社会环境监测行业管理水平。加快建立完善切实可行又不违背市场化原则的动态价格体系，实时更新环境监测收费标准，实现环境监测服务收费有据可依。

5.3.2 全面推进诚信评价体系建设

在环境监测全面推进社会化改革的进程中，浙江省坚持将加强诚信监管作为提升现代化治理能力和治理水平的重要手段，作为优化营商环境的重要保障。近年来，把深入推进"放管服"作为构建以信用为基础的新型监管机制的重要举措，作为保障环境监测数据质量的主要手段。2020 年浙江省生态环境厅出台了关于企业环境信用评价管理的相关文件，提出加快推进浙江省环境信用体系建设，完善生态环境领域"守信激励、失信惩戒"机制，推出以湖州市、金华市为环境监测行业诚信体系建设的试点区域，探索"事中分类监管、事后联动奖惩"的诚信监管模式。但目前社会环境监测领域诚信体系建设和诚信机制确立，主要限于企业自律自觉性约束，缺乏刚性制度抓手，尤其在等级评价、信用信息公开、失信责任定位和违信惩治等方面缺少具体有效的规范依据。为切实有效地推进诚信体系的实施，亟待出台统一的信用评价标准，制定失信惩戒制度，加强对严重失信行为的管理，建立社会环境监测行业信用数据库，规范信息归集和评价，推动信用结果在行政许可、采购招标、评先评优、信贷支持等方面的应用，推进长三角区域生态环境监测信用评价结果互认，对严重失信主体开展跨区域联合惩戒，促进社会环境监测机构主动改善环境行为，提高服务质量和提升环境信用。

5.3.3 扎实推进行业人员素质提升

市场能力的高低取决于机构能力的高低，机构为环境监测市场提供规范、高效的服务，主要取决于机构的能力建设，包括机构的监测服务能力、仪器设备的先进性、实验室管理水平和人员素质等。提升机构的能力，当务之急是提升人员素质，加大科学理论教育。围绕全面贯彻落实习近平生态文明思想的科学体系、生态环境科学理论、生态环境保护工作形势与政策等开展培育熏陶，促使行业涌现出一批独具慧眼、善捕商机、超前运营的企业。围绕生态环境基础知识、生态环境监测分析技术方法、监测质量保证和质量控制、数据综合分析与评价技术等开展技术培训，组织技术比武，鼓励专业技术人员参与新型仪器研发，打造一批理论水平高、专业技术硬、创新能力强的高素质人才队伍。探索建立职业技能等级制度，打通技能人才培养、使用、评价、激励的链条，紧扣产业链，打造人才链，促进人才产业融合发展，推动环境监测机构实现从环境监测数据的提供者向环境监测服务的方案解决者的角色更新，实现供需、空间、机构和价值多维度的产业升级迭代。

5.3.4 加快推进高端设备技术研发

技术研发是引领行业前行，提升行业水平的关键要素，当前要把重点放在"高精尖智"仪器设备的技术研发和核心攻关上，特别是要加快气相色谱仪、气质联用仪、全二维色谱质谱联用仪、液相色谱仪、原子吸收分光光度计、电感耦合等离子体质谱等大型分析仪器和实验室智能系统的技术研发和推广，推动监测装备精准、快速、便携化发展和国产化替代，提升监测服务效能。加强大数据、人工智能、卫星遥感等高新技术在环境监测和质量管理中的应用，通过技术进步和控制，减少环境监测数据人为干扰和因人产生的误差，提升环境监测数据质量。强化产学研用协同创新，出台政策鼓励监测机构和设备制造企业加强监测技术创新，鼓励事业单位专业技术人员参与项目合作，支持具有自主知识产权的监测技术装备研发和应用转化，对杭州谱育科技等一批已经具备一定研发能力、形成一定产品成果的企业，要加大扶植培育力度。未来能够提供优质数据与污染物分析、溯源，打造整体监测解决方案等技术的企业将会在市场竞争中处于优势地位，以"高精尖智"为核心的技术进步，必将赢得竞争先机。

5.3.5 持续推进行业优质品牌建设

浙江省环境监测行业在近年来快速推进的社会化进程中，虽然已经产生一批业绩卓著、技术精良、诚信守约、质量可靠的领先企业，但在占据较大市场份额的中坚企业中尚未形成一批驰名品牌企业，现有领先企业基本处于小规模经营和局限性发展的状态，对于快速促进行业的发展难以产生巨大的影响力。要带动整个行业朝着健康旺盛的态势发展，势必需要大力扶植优质机构，大力弘扬行业优秀品牌。首先在市场经营中要有强烈的品牌意识，全面实施企业的品牌战略。其次需要主管部门和行业各方为行业品牌的建立和培育开辟途径、营造氛围，有意识、有目的地在省内树立几个具有全国影响力的著名品牌。最后需要在树立品牌的过程中，强化行之有效的途径，如加大评奖选优的力度，并有目的地把优质企业的形象向代表品牌聚集；加大社会推广力度，通过社会组织和机构企业的共同努力，对有基础的品牌进行优质包装和形象推广，并将其有机地与生态环境保护的建设成就结合；加大优秀品牌的扶植力度，在资金、技术、人员、业务等方面实施品牌孵化战略，以期浙江省环境监测行业在短期内能够快速诞生并形成环境监测服务的驰名品牌。

5.3.6 引导发挥社会组织协同作用

深化改革的最大变化是由生态环境主管部门直接监管转换成市场参与方的自我直接调节，在这个转换过程中，打造共建、共治、共享的社会治理格局，是新时代推进社会治理现代化的客观要求，社会组织将发挥极其重要的作用。要鼓励和促发社会组织站到市场协调沟通、机制实施、活动组织、监管技术支撑等领域前端来。根据先前试行性尝试的收效反馈，大力支持社会组织在市场自律行为、诚信体系建设、运行沟通协调、行业发展保障、市场行为调查取证、能力评估培训等方面的倡导实施和组织落实中发挥直接作用。同时，社会组织还要在承接政府延伸功能上发挥直接衔接功能，如在行业规划目标法规标准的解读和落实、数据质量的检查和监督、行业技术发展的引入和推广、人才培育的渠道和交流等方面发挥牵头组织作用。在政府主导下，社会组织以其灵活性、公益性、专业性等特征在社会治理中发挥重要的协同作用。

5.4 结论

对策和建议是促进环境监测市场健康快速发展相辅相成的两翼。从宏观着眼，全方位地实施市场发展对策，更多的是保障和监管的需要，是影响全局的基础性工作，因此必须自上而下地制定推行。建议更多的是针对当前存在的突出问题，采取"落实一条，见效一条"的具体举措，立足当下，自下而上地推广。两者共进并行并不矛盾或抵触。对策和建议的提出，是为了唤起全行业的注意和探索，以此寻就和创建更合适、更可行的途径，所有的努力就是为了让环境监测市场在充分展现活力、满足多方需求、保持健康良性态势的前提下快速发展。

6

发展趋势判断和行业前景预测

ZHEJIANGSHENG SHEHUI HUANJING JIANCE
HANGYE FAZHAN BAOGAO

（2020）

6.1 概述

社会环境监测在行业属性上属于环境保护大产业的分支领域，预测这一行业的发展趋势及前景，必须将影响和决定整个行业走向的诸要素置于环境保护行业的总体格局之中，并密切联系整个经济社会的总体走势。同时，判断社会环境监测行业发展趋势要基于行业赖以立足的基本点上，须从行业前行的支撑条件、内涵力量、目标任务、政策因素等方面予以论证推断，特别是要纵览和据证"十四五"时期经济社会发展的总体要求和主要目标，从而得出社会环境监测行业发展趋势和前行轨迹的判断。

因此，从调研行业现状所采集的数据出发，将预测行业发展前景建立在对行业趋势的准确判断以及在趋势认定的前提下，通过既有数据的评析，对行业组成的各个层面进行组合推论，从而得出符合发展逻辑、基于市场实际、源于企业能力的各项预测。

6.2 趋势与轨迹

6.2.1 行业将在支撑条件的转型升级中前行

通过对浙江省环境监测行业的调研考察，对机构企业业务构成的类别分析，特别是对行业领先企业的状态和走势的全面剖析（详细参阅第 7 章），形成的基本结论是：近年来整个行业之所以一直处于稳定上升的发展态势，主要是基于三大基础支撑点的有力支撑：一是社会对环境质量需求日益增强，人民群众对蓝天、碧水、净土的向往是最根本的原动力；二是各地各级政府，尤其是中央生态环境保护治理力度不断加强，治污攻坚的大行动持续进行是最直接的催发力，2019 年来自政府委托的环境监测项目数量占比近 20%，政府政策引导作用明显；三是随着社会经济的快速发展，企业环境保护主体意识和责任有了实质性的落实是最有效的激发力，实验室用地面积和仪器固定资产投入持续提升。随着环境监测市场的放开，来自企业端的环境监测需求超过了政府部门委托，企业端需求相对稳定，反映了整个监测市场的活跃。这样三管齐下形成了行业成长良好的支撑条件。进入"十四五"时期，社会环境监测行业的发展将面临全新的格局，这个格局"十四五"规划已给出明确的表述：要统筹推进经济建设、政治建设、文化建设、社会建设、生态文明建设的总体布局，坚定不移地贯彻"创新、协调、绿色、开放、共享"的新发展理念。紧扣行业特性，结合环境监测业务性质，可以选择性地概括为：经济高质量发展、环境高水平保护、生态高水准（颜值）重建（复苏）。在"三高"协同推进中，要深刻领会和准确把握新阶段美丽中国追求、新时代绿色发展诉求、新形势生态安全需求内涵实质。细观现状，从国内到省内，生态环境保护行业已经进入新旧交替的窗口期，浙江省已明确制定把紧紧围绕"努力建设展示人与自然和谐共生、生态文明高度发达的重要窗口，走好具有浙江特色的生态文明建设和可持续发展之路"作为经济社会发展的主线。在这个主线的引导下，环境监测将充分发挥科技的作用，增强科技攻关，为决策、管理、治理提供有力支撑；将充分调动企业在创新方面的活力，带动生态环境产业革新。同时，规划将把改善生态环境质量为核心，以解决突出生态环境问题为重点，做到目标规划的科学性、针对性、可行性和有效性。研读规划指明的方向，判定行业面临的总体局势，将有助于准确认清行业的前景。

6.2.2 趋势将在发展内涵实现全新演变中形成

每个时期，每个行业的发展都是建立在自身所特有和具有特质的内涵之上，离开了内涵动力，所谓的发展要么是昙花一现的短暂，要么是后继无力的贫瘠。因此要把握发展的正确方向，发挥发展的持续能量，必须清楚地对行业所具备的内涵动力有基本判断。从行业调查数据来看，机构发展态势的优劣无不与机构是否将自身的发展规划定位纳入经济社会发展趋势的轨道相一致，因此，要掌控环境监测行业的前行动力，有必要对经济社会未来趋势做清晰的了解。根据经济社会的总体趋势和行业所处的特定位势，目前行业发展的内涵动力具备以下特征。

（1）"绿水青山就是金山银山"的发展理念成为全社会共识。

习近平总书记的"绿水青山就是金山银山"的绿色发展观，深刻阐明了经济发展和生态环境保护的内在关系，准确揭示保护生态环境就是保护生产力，改善生态环境就是发展生产力的科学道理。生态环境保护和经济发展并不是矛盾对立的关系，如果处理妥当就可以形成辩证统一的关系。实践证明，良好的生态环境蕴含着无穷的经济价值，能够源源不断地创造综合效益，实现经济社会可持续发展。从哲学层面分析，经济发展不应是对自然资源和生态环境的竭泽而渔，生态环境保护也不应是舍弃经济发展的缘木求鱼，而是要坚持在经济发展中重视环境保护，在保护环境中追求经济发展，达到经济发展与环境保护的有机统一。成果是理论最有力的佐证，环境保护生态复苏的直接成果以及对经济发展的催生成果，再加上几年来全社会对绿色发展观坚定不移的倡导，"绿水青山就是金山银山"的发展理念已成为全社会共识，这也为环境监测行业带来前所未有的良好氛围和发展机遇。应该看到，政府推动发展已使生态环境保护成为全民需求，企业主责发展已使生态环境保护成为全民同责，环境保护行业主体发展已使生态环境保护成为全社会一体，这个巨大的变化将明显增加对环境监测的刚性需求。

（2）生态环境保护与经济建设同步共进转型为率先超前引领。

党的十八大以来，以习近平同志为核心的党中央高度重视生态文明建设，提出"绿水青山就是金山银山"等一系列创新理论。习近平生态文明思想已成为"十四五"时期我国开展生态环境保护与建设的基本准则。不容置疑，目前面临的环境整治任务还很繁重，尽管如此，在认清生态环境保护与建设同步协调的迫切性外，更要觉察这个同步性已经发展为生态环境保护走在超前位置的悄然变化。习近平总书记指出，自然是生命之母，人与自然是生命共同体，人类必须敬畏自然、尊重自然、顺应自然、保护自然。生态环境是人类生存和发展的根基，生态环境变化直接影响文明兴衰演替。改革开放以来，我国经济发展取得了巨大成就，也产生了大量生态环境问题。伴随我国社会主要矛盾的变化，人民群众对优美生态环境的需要成为这一矛盾的主要方面。

因此，必须把生态文明建设摆在发展全局的高度，以实际行动积极回应广大人民群众的所思、所盼、所急，切实推进生态文明建设。

党的十九大以来，国家铁腕治污，全国生态环境质量明显改善，赢得了人民群众的普遍赞誉。但是，我们必须明白，过去多年高速发展积累的环境污染问题解决起来绝非一朝一夕之功，生态环境治理稍有松懈就有可能出现反复。当前，一方面生态文明建设仍处于压力叠加、负重前行的关键期；另一方面生态文明建设已进入提供更多优质生态产品以满足人民日益增长的优美生态环境需要的攻坚期。在这个解决污染突出问题和提供优质生态产品交融相处的窗口期，后者将加快走在前端的步伐。因此，环境监测行业关注的目光和布局的重点也应该快速适应这一变化，并准确寻就自身的位置。

（3）绿色发展方式和绿色生活方式提升已经融合一体。

推动形成绿色发展方式是发展观的一场深刻革命。绿色发展就是要解决好人与自然和谐共生的问题。要从根本上解决生态环境问题，必须贯彻绿色发展理念，坚决摒弃损害甚至破坏生态环境的经济发展模式，加快形成节约资源和保护环境的空间格局、产业结构、生产方式。同时生活方式提升走入绿色轨道是应运而生的必然，这是绿色发展的必然趋势。从经济活动开始到人的行为限制是绿色理念的完全架构，缺乏后者大容量大幅度的融合，绿色发展将会止步于局限功效上，将会受限于狭窄的空间中。在自然资源和生态环境能够承受的限度内，给自然生态留下休养生息的时间和空间，这样才能使经济活动和生活方式一体化推进。当然，加快形成绿色发展方式，前期（包括今后一段时期）的重点是调整产业结构和能源消费结构，优化国土空间开发布局，培育壮大节能环保产业、清洁生产产业、清洁能源产业，推进生产系统有效可持续发展的循环链接。按照有关规定，要加快划定并严守生态保护红线、环境质量底线、资源利用三条红线。对突破红线的行为，坚决依法整治。随之伴随的将是生活系统的全面绿色化，加快形成绿色生活方式，要牢固树立生态文明理念，通过大众化的宣传与普及，增强全社会的节约意识、环保意识、生态意识。通过公众生活方式绿色革命，倒逼生产方式绿色转型，把建设美丽中国的伟大梦想转化为广大民众的自觉行动。这个共融性，将会给环境监测带来一定的需求格局变化，环境数据将成为生活内容的刚需，这不仅是指理念上的全民认同和行动上的全民参与，更多的需求将来自生活本身的需要。

（4）山水林田湖草系统的生态改善和复苏将站到前台。

按照生态系统的整体性、系统性和规律性，统筹考虑自然生态各个要素、山上山下、地上地下、陆地海洋以及流域上、中、下游，进行整体规划，分类保护，系统修复，综合治理，增强生态系统的自然循环能力，维护生态系统动态平衡。根据国土空间规划，实施大江大河全流域生态系统保护和修复工程，主动增强生态产品生产能力，继续开展大规模国土绿化行动，加快水土流失和荒漠化、石漠化地区综合治理，扩大湖泊、湿地面积，保护生物多样性，全面提升自然生态系统稳定性，逐步筑牢生态安全屏障。从生产环境、生活环境到整个自然环境的扩展，将给环境监测带来极大的挑战和能力拓展空间，谁能抢先进入未来重点领域，谁能占据相关技术高地，就能成为行业的引领者甚至是统领者。

（5）生态环境保护制度进入最严格惩戒和处罚阶段。

针对我国处在污染防治攻坚期的现实，必须把制度建设作为推进生态文明建设的重中之重，深化生态文明体制改革，把生态文明建设纳入制度化、法治化轨道，逐步从当前主要依靠行政手段的铁腕治污走向依法治污、常态治污的阶段，让生态环境保护变成全社会的自觉行动。这个阶段具有警示明确、监控有力、发现即时、处罚严厉等特点，尤其是前三个特点与环境监测密切相关且责任重大，可以断定环境监测行业将成为依法治污必不可少的中坚环节，环境监测在环境保护管理工作的基础性作用更加显著。

6.2.3 趋势将在全面确定的目标任务导向中强化

对今后一段时期内环境监测的目标任务的解读必须建立在生态环境保护的大格局之上，环境监测的目标任务势必是服从和服务于生态环境保护的总部署之中。所谓大格局，精炼为一句话就是：环境保护和生态文明建设要实现新进步。展开的关键点是国土空间开发保护格局得到优化，生产生活方式绿色转型获得显著成效，能源资源配置更加合理、利用效率大幅提高，主要污染物排放总量持续减少，生态环境人与自然的关系持续改善，生态安全屏障更加牢固，城乡人居环境明显改善。具体主要是以下三个方面。

（1）要持续改善环境质量，重点落实以下各项。

①要基本消除重污染天气。主要是加快推动绿色低碳发展，强化国土空间规划和用途管控，落实生态环境保护、基本农田、城镇开发等空间管控边界，减少人类活动对自然空间的占用。

②要强化绿色发展的法律和政策保障。发展绿色金融，支持绿色技术创新，推进清洁生产，发展环保产业，推进重点行业和重要领域绿色化改造。

③要推动能源清洁低碳安全高效利用。降低碳排放强度，支持有条件的地方率先达到碳排放峰值，制定 2030 年前碳排放达峰行动方案。开展绿色建筑、植树造林、节能减排等形态的"碳中和"绿色生活创建活动，以抵消企业、团体、个人直接或间接产生的温室气体排放总量，实现二氧化碳"零排放"。"碳中和"作为一种新型环保形式，目前已经被越来越多的大型活动和会议采用。"碳中和"将推动绿色的生活、生产，实现全社会绿色发展。

④要深入打好污染防治攻坚战。继续开展污染防治行动，建立地上地下、陆海统筹的生态环境治理制度。强化多污染物协同控制和区域协同治理，加强细颗粒物和臭氧协同控制。

（2）要建立生态产品价值实现机制。

近年来，多地正在积极推进生态产品价值实现工作。浙江率先发布全国首部省级《生态系统生产总值（GEP）核算技术规范陆域生态系统》。GEP 核算标准相当于为衡量区域生态系统质量定了一把标尺。GEP 核算应用体系将更好地推动高颜值生态、高水平发展与高品质生活有机统一。主要的重点工作有：

①治理城乡生活环境，推进城镇污水管网全覆盖，基本消除城市黑臭水体。推进化肥农药减量化和土壤污染治理，加强白色污染治理。

②加强危险废物医疗废物收集处理，完成重点地区危险化学品生产企业搬迁改造，重视新污染物治理。

③全面实行排污许可制，推进排污权、用能权、用水权、碳排放权市场化交易。完善环境保护、节能减排约束性指标管理。

④提升生态系统质量和稳定性。坚持山水林田湖草系统治理，构建以国家公园为主体的自然保护地体系。

⑤强化河（湖）长制，加强大江大河和重要湖泊湿地生态保护治理。

⑥科学推进荒漠化、石漠化、水土流失综合治理，开展大规模国土绿化行动，推行林长制。推行草原森林河流湖泊休养生息，健全耕地休耕轮作制度。加强全球气候变暖对我国承受力脆弱地区影响的观测，完善自然保护地、生态保护红线监管制度，开展生态系统保护成效监测评估。

⑦实施国家节水行动，建立水资源刚性约束制度。提高海洋资源、矿产资源开发保护水平。完善资源价格形成机制，推行垃圾分类和减量化、资源化，加快构建废旧物资循环利用体系。

（3）环境监测的发展思路更加明确。

研判环境监测的发展目标，首先应对当前亟须解决的问题有清醒的认识。从全国层面来看，生态环境监测工作仍面临全国性的统一生态环境监测体系尚未形成、对污染防治攻坚战精细化支撑不够、法规标准有待完善、数据质量仍需提高、保障力度依然不足等问题。浙江省也或多或少地存在类似问题，下一步环境监测的主攻方向将会呈现以下特点：

①重点是理顺监测的体制机制、优化生态环境的监测网络、深化监测业务体系、强化新技术的引领、全面提升监测能力。通过这些节点的发力，全面推动国家、区域、地方的监测能力和水平提高，有效支撑升级版的污染防治攻坚战。

②加大空气、地表水环境质量监测网优化及布局调整。在这两年实现全国地级及以上城市全覆盖的同时，要能够更加全面地反映全国地表水环境质量状

况，厘清地方水生态环境保护责任。空气和地表水环境质量监测能够更加精准地支撑生态环境管理，为完成"十四五"生态环境保护目标任务奠定坚实基础。

③环境监测行业要加大基础能力、运转效能、数据质量、支撑能力、服务水平等方面的提高力度。尤其要在紧跟国际趋势发展、完善法规标准、提高数据质量、保障基础能力等方面都有待进一步加强，随着环境保护向高水平推进，生态环境监测领域面临的需求和挑战也在逐步增加，同时获得的支持力度、支撑精准度、全球参与度以及满足民众的满足度都会有相应的增加。

6.2.4 趋势将在行业政策得以全面保证的框架内运行

作为我国环境管理的顶梁柱，环境监测需要走在环境治理之前。无论是大气治理、水治理还是土壤治理，都离不开环境监测提供的数据。未来，环境监测市场将从半开放市场向全开放市场转变，从传统的行业管理模式向社会组织、自律性监管转变，从职业道德约束向高精尖技术约束转变。

行业政策方面，"十三五"以及"十四五"期间，各项国家政策都在推动监测行业快速发展。从调查数据看，绝大多数环境监测机构都在较小经营规模状态下运行，本书 3.2.1.10 节所统计的机构合同额表明，平均每家机构当年新签合同额约为 551 万元，合同金额在 1 000 万元以上的机构数量占比为 17.5%。小规模经营是行业的主流态势。虽然在整个环境保护行业中，环境监测的市场体量较小，但其需求刚性、发展潜力巨大。在政府考核转变为效果导向的政策管理背景下，准确、全面的环境保护质量监测和污染源监测是开展环境治理工作的重要前提。近年来，国家推出了一系列政策法规，加快了环境保护制度化，新修订的《环境保护法》、"大气十条""水十条""土十条"的推出，推动环境监测行业形成了环境空气监测、水质监测、土壤监测等污染源监测为主体的环境监测基本框架。原环境保护部上收国家大气、水、土壤等环境质量监测事权，真正实现国家监测、国家考核，避免了对环境监测数据的行政干预，进一步规范并促进了环境监测行业的发展。而 2017 年环境保护税的推出，排污权交易市场的建立都在持续推进环境监测行业的发展。

可以预见，政府"放管服"改革将在"十四五"期间继续深化，国家和省级政府层面利好环境监测社会化的新政出台值得期待。浙江省是我国环境保护产业的大省，《浙江省"十四五"规划纲要》指出，到 2035 年浙江省要"基本实现人与自然和谐共生的现代化，生态环境质量、资源能源集约利用、美丽经济发展全面处于国内领先、国际先进水平，高质量建成美丽中国先行示范区"。"十四五"期间，浙江省将推进经济生态化，持续压减淘汰落后和过剩产能；加快绿色技术创新，构建绿色制造体系，发展绿色建筑，发展节能环保产业。在浙江省经济高质量发展、环境保护产业进入强监管时代的背景下，环境监测作为监管必不可少的手段，将面临更高要求。

6.3 预测与前景

环境监测市场综合调研的情况表明，环境监测市场主要由监管、需求、服务供应商、仪器设备供应商、科研机构、社会组织等参与方组成。目前市场运作处于以政府监管为主导、需求导向为引领、服务供应为基本面、技术控制为手段的基本态势，是一种半开放、半竞争并受政策规范约束的初级化市场状态。

6.3.1 行业阶段化发展态势预测

根据前文的综合判断，以 5 年为一个发展目标，对环境监测行业的分阶段实现的行业存在模型确立以下预测。

预计到 2025 年，科学、权威、高效的生态环境监测体系将基本建成，统一的生态环境监测网络基本建成，统一监测评估的工作机制基本建成，独立的数据测评中心开始运行。届时，由政府主导、社会组织协同、全社会参与、公众监督的环境监测新格局基本形成，全行业将为污染防治攻坚战纵深推进、环境质量实现显著改善、自然生态环境初步复苏提供强有力且充分到位的技术支撑和数据保证。

预计到 2030 年，生态环境监测组织管理体系进一步强化，监测、评估、调查能力进一步强化，监测自动化、智能化、立体化技术能力进一步提升并与国际接轨，监测综合保障能力进一步强化，为全面解决传统环境问题，保障环境安全与人体健康，实现生态环境质量全面复苏提供网络化的监测管家式支撑和精准数据服务。

预计到 2035 年，科学、权威、高效的生态环境监测体系将全面建成，传统环境监测向现代生态环境监测的转变全面完成，全国生态环境监测的组织领导、规划布局、制度规范、数据管理和信息发布全面统一，独立的生态环境监测体系全面运行，生态环境监测现代化能力全面提升，为山水林田湖草生态系统服务功能稳定恢复，实现环境质量根本好转和美丽中国建设目标提供全方位支撑，环境监测业务总体发展水平跨入国际先进行列。

6.3.2 市场运行方式发展预测

市场运行将以政府监管到位、污染源监测需求常态化、机构能力综合提升三者协同、协调、协作的方式进入市场运作规范健康的阶段，初步具备成熟市场的基本特性。

政府监管方面，我国近年来相继出台一系列政策，在加大对环境监测行业的资金投入，推动环境监测网络建设的同时，加强生态环境的科学决策和精准监管。2017 年中共中央办公厅、国务院办公厅印发了《关于建立资源环境承载能力监测预警长效机制的若干意见》，推动实现资源环境承载能力监测预警规范化、常态化、制度化。2018 年 9 月，生态环境部发布《关于生态环境领域进一步深化"放管服"改革，推动经济高质量发展的指导意见》，要求进一步深化生态环境领域"放管服"改革，协同推动经济高质量发展和生态环境高水平保护，不断满足人民日益增长的美好生活需要和优美生态环境需要。2020 年 6 月 21 日，生态环境部正式发布了《生态环境监测规划纲要（2020—2035 年）》。纲要提出，要全面深化我国生态环境监测改革创新，全面推进环境质量监测、污染源监测和生态状况监测，系统提升生态环境监测现代化能力。这一系列纲领性政策文件的出台标志着政府对环境监测的重视程度进一步提升，将有效提高监测行业的规范性，同时也表明环境监测数据监管全面从严，有利于环境监测行业的健康可持续发展。

企业需求方面，2018年，我国正式征收环境税，纳税主体是排放应税污染物的企业事业单位和其他生产经营者。环境税的开征也带来了环境监测市场需求空间的提升。征税主体由生态环境部门转移至税务部门，生态环境执法刚性增强。同时税率上浮，全面增加工业企业的排污成本。为减少环境税的缴纳，企业需主动使用环境监测、设备以控制污染物排放，环境税的征收提高了各类企业对监测设备和监测业务的需求，直接推动了环境监测行业的快速发展。浙江省是我国环境保护产业的大省。根据浙江省第二次污染普查公报，2017年浙江省普查对象数量共计49.78万个（不含移动源）：包括工业源43.18万个，畜禽规模养殖场0.55万个，生活源2.40万个，集中式污染治理设施3.64万个；以行政区为单位的普查对象100个。排污企业的稳步增加和废气、废水处理设施的增加，为环境监测机构提供了稳定的下游客户需求。

机构自身行业能力将得到大幅发展。随着环境监测技术和仪器的不断飞速发展，监测设备小型化、智能化、网络化趋势明显，对监测人员的技术要求更高，整个环境监测行业将从"劳动密集型"向"科技复合型"转变。在这样的政策、技术和市场背景下，大量规模较小、为降低成本而不规范运营的监测企业将逐渐失去生存空间，行业集中度将进一步提升。

综合来看，近期和未来相当长的一段时间，国家宏观政策和企业微观发展上都利好于环境监测行业的发展。环境监测及业务的体量目前虽然较小，但在"十四五"期间将具有很大的发展空间。

6.3.3 市场供需侧变化度预测

随着我国经济加快进入结构转型阶段，环保产业也同步进入强监管时代。在这个资源配置和产能优化的大背景下，环境监测必将成为转型支撑和监管依据必不可少的手段。一方面，来自多重需求的环境监测业务量将大幅增加；另一方面，环境监测的服务供应侧将面临更高的技术支撑要求和数据质量保证。因此这种由转型带来的业务量增幅和转型急需的服务质量挑战是相伴而生不能分割的，也就是说，只有同时适应两种状态的机构才能抓住前来的机遇。

行业前端供给侧也将发生明显的变化，其主要特征是监测设备国产替代率大幅提升。分析行业前端市场的状况，发现行业内生产试剂耗材的企业较多，监测行业所需的常规仪器设备国内产品基本能够满足，各类仪器设备和试剂耗材来源广泛，市场供应总体充足，可挑选的范围较大，产业链上游维持稳定。目前，环境监测设备领域，除部分高端监测分析仪器外，绝大多数监测设备已实现了进口替代。未来随着技术进步和国内制造产业的提升，国产替代趋势将更加明显加快加大，并逐步走向高端化。由此相关，仪器设备购置费在环境监测业务开支中的占比将会持续降低，这对处于行业中坚位置的大量小微企业加快规模扩宽无疑是利好态势。

行业下游需求端将在广度和深度上得以拓展。今后几年，政府部门在生态环境监测方面的需求较为稳定，在环保整治力度不断强化和生态修复步伐不断加快的前提下，来自政府对环境监测的需求处于只增不减的态势且范围扩大。

从浙江省环境监测领域的需求表现来看，这一特征尤其明显。浙江省环境监测领域经过多年飞速发展，在常规监测要素上已经得到长足发展，但除地表水和环境空气中的常规监测指标外，现有监测标准在污染源废气、土壤、固体废物等监测方法缺口较大。未来环境监测领域将在以下方面不断拓展：一是监测网络从地级市向县级市扩展，以县级行政单位为主要依托的"省控点"网络建设；二是随着生态环境治理向"精准治污、科学治污、依法治污"转变，VOCs和碳监测等新监测指标带来市场的拓展；三是监测领域的扩展，由大气和水向土壤、生态环境、生物多样性等领域拓展；四是监测空间从地表向地下和空中扩展。由此带来的监测市场空间拓展。同比口径计算，2017年浙江省社会环境监测机构当年新签合同金额约为12.36亿元，到2019年增长到15.05亿元。按同比复合增速计算，预计到"十四五"末，浙江省社会环境监测机构合同金额将达到27.1亿元，行业市场空间广阔。

同时，社会化的进程将进一步加快。在国家力推环境监测社会化的大背景下，排污单位污染源自行监测、环境损害评估监测、环境影响评价现状监测、清洁生产审核、企事业单位自主调查等服务性环境监测业务已在"十三五"期间全面向社会化环境监测机构开放，环境质量监测、污染源监督性监测和突发环境事件应急监测等公益性、监督性监测也将在"十四五"期间有序放开，生态环境监测社会化已成为必然趋势。排污企业在国内环保高压态势下，生态环境保护的好坏直接影响企业效益和社会形象。在经济利益的驱动下，排污企业必然会加大环境监测服务的购买，同时也更看重环境监测的质量。

6.3.4　服务形态变化预测

随着市场发展的逐步完善，各项运作机制逐步成熟，预计市场各方的态势将出现细微的变化。主要表现为五点：一是因政府简政放权而形成的职能外延，一般通过购买服务来实现，政府外延职能大部分将由各种类型的社会组织逐步来完成承接，如诚信监控、交易规范、能力提升、评估考核、人员培训、技术交流、行业形象等市场监管和引导行为将由社会组织来实现；二是仪器设备供应商和监测服务供应商一体化发展，国产化仪器设备的替代面将大幅增加，将致使在众多的监测领域出现服务商自行开发的产品来实现服务质量的升级；三是机构自主研发的技术和行业标准将大幅上升，许多机构将会和科研机构结成长期合作关系，以环境监测的实际需求来定向研发和引进，应用新技术、新工艺、新方法；四是需求定制化服务将日益普遍，智慧环保管家、园区监测网络、区域断面常设监测设施等方面将形成长期的、稳定的服务输出；五是资金融入的力度增强、业务规模扩展、技术高地位势将造成细分领域行业巨头的形成。

6.3.5　机构发展模式预测

在环境监测行业和环境监测市场里，监测机构是不可或缺的中坚力量。就当前的行业状态来看，由发展初期带来的小而多、多而散、散而弱、弱而乱的现象不可避免地存在着，一方面是由快速盈利、急功近利心态而引发的一哄而上，致使短期内出现供大于求的现象；另一方面，市场起步阶段，各方面机制难以一步到位或成熟应对，造成了许多机构发育不良而存在于世的乱象。但长期来看，随着市场的充分竞争，环境监测行业小而散的局面将会被打破。基于行业内领先企业的典型表现的本质寻源，预测未来机构的发展方向或建构的模式势必具备"专精特新"特性，并大致形成以下类型。

（1）综合型。

未来机构的发展模式将主要以综合成长为主要特性。综合性不仅是指机构业务覆盖面广，更重要的是要体现科技含量高、设备工艺先进、管理体系完善、市场竞争力强等"专精特新"综合能力。这一模式将切实地符合市场发展趋势，随着数据准确性要求的提升和严格，促使订单向有技术、形成品牌的企业集中；监测能力要求综合化、订单规模大型化，促使监测机构需要具备综合监测解决方案提供能力；环境监测行业涉及环境、物理、化学、仪器设备等多个专业技术领域，对监测人员的技术素养要求较高。未来，那些既能掌握客户所处行业的知识背景，又能根据客户的业务现状、市场流程和维护服务模式，提供整体解决方案的复合型技术人才是行业必不可少的核心竞争力量，具备复合型人才组成团队的机构，不但会取得品牌优势，也会赢得更大的发展空间。

（2）集约型。

"专精特新"特征还集中体现出机构具有专业特点明显、市场专业占据力强的优质内涵，并具有服务产品的精致性、工艺技术的精深性和企业管理的精细化自我完善能力。集合高端仪器设备、复合型专业技术人才、资本实力等优质资源的社会环境监测机构将会在集约化的道路上得到更好发展。但所谓集约化是要求机构更需要做到市场行为自律机制健全、质量控制体系完备、客户评价系统准确等现代企业的管理体系；更需要做到人才梯队建设充分、现场监测人员管理到位、实验室分析人员岗责清晰；更需要做到技术提升有前瞻度、业务能力有一体化、设备更新有领先性；更需要做到企业文化建设突出、诚实守信不流于形式、品牌建设不居于同质。

（3）智能化。

特色服务和创新能力将给为数众多的小微机构提供赖以生存发展的途径。

未来监测仪器设备小型化、智能化、快速化水平的提升，也为监测机构快速成长提供新技术支撑。未来那些成本控制力、业务服务能力、技术响应能力优秀的机构的市场份额必定大幅提升，成为行业的细分龙头。同时，敢于在物联网、智能控制、线上操作等新物态领域先行践行和舍得投入的机构，必将成长为行业领军企业，占据市场先机。

（4）数字化。

未来机构的发展将全面建立在数字化转型和监测数据应用集成数字化之上。机构的服务形态和监测数据获得将趋于整体智治、高效协同的方式。环境监测机构通过生态环境数字化途径，融入陆海统筹、天地一体、部门协同和数据共享的生态环境监测与态势感知"一张网"系统，并以自身数字化构建的成效，成为全省环境空气、地表水、地下水、土壤、海洋、辐射、生态状况等环境全要素数据综合集成的节点，形成系统内和系统外等各类监测数据互联和集成共享。在此同时，环境监测机构还需通过建设数字应用平台或接入各级数字核心系统，运用多维数据融合、大数据及人工智能等技术手段，面向服务对象、社会公众和政府部门输出的生态环境监测数字化产品。

纵观整个行业的发展态势，可以断定行业将从现有的起步发展阶段进入整合提升阶段。在此阶段，参与行业市场的机构将面临严厉而无从躲避的重组和洗牌，优胜劣汰将不可阻挡。依据上述模式发展或强化的机构，定将在市场竞争和筛选中处于不败之地。

6.4 结论

综上所述，对行业发展趋势及前景预测可以得出的基本判断是，今后一段时期内（"十四五"规划时期），浙江省乃至全国的社会环境监测行业将在习近平生态文明思想的指导下，在全新的发展内涵动力推动下，在生态环保目标任务的牵引下，在政策法规的保证下，依照各驱动力所提供的精准化、增量化、规范化的轨迹前行发展，将是一个整体向上、健康活力、需求饱满、支撑有力的朝阳行业，未来可期。

附录 1

领先企业实录

ZHEJIANGSHENG SHEHUI HUANJING JIANCE
HANGYE FAZHAN BAOGAO
（2020）

浙江环境监测工程有限公司

一、发展简况

浙江环境监测工程有限公司（以下简称公司）成立于2006年，为浙江省生态环境监测中心下属的环境监测技术服务型企业，为国有性质的科技型环境监测专业机构。公司成立以来，积极适应环境监测社会化发展趋势，努力拓展自身的技术和服务能力，目前主营业务已全面覆盖环境监测服务、环境监理、环保产品监测服务、环保技术咨询、环境工程、环境自动监测设施安装和运营维护等专业领域（图1）。

公司现有职工280余人，拥有一支高水平的环境监测与咨询服务人才队伍，其中正高级工程师1人，高级工程师69人，工程师65人，本科以上学历人员占96%。

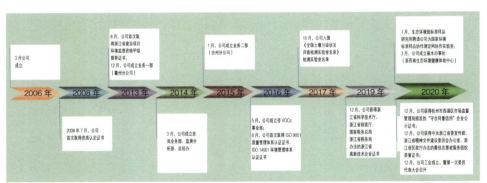

图1　浙江环境监测工程有限公司发展历程

公司秉承"科学、守法、公正、诚信"的经营理念；恪守"精湛技术、精诚合作、精耕环保、精锐团队"的企业精神；坚持"信守合同、严格监理、热情服务、实事求是"的宗旨，积极开展环境监测与咨询等工作，满足政府、企业和社会各方对服务性环境监测与咨询的需求，为环境保护工作提供技术支撑和解决方案。

二、主营业务

公司聚焦环境监测领域，业务内容已覆盖常规委托监测、技术咨询、挥发性有机物泄漏监测与修复、自动监测服务、超低排放技术改造监测、二噁英监测等十大业务板块。

（一）常规委托监测

常规委托监测包括环保设施竣工验收监测、污染物排放情况申报登记监测、环评监测、排污单位自行监测、环境质量监测、环保治理设施治理效果评价监测（调查）、ISO 14000 环保核查监测、污染纠纷仲裁监测、污染源在线监测仪器的调试监测及比对监测等。

（二）技术咨询

公司拥有浙江省环境监理协会核发的浙江省建设项目环境监理资格推荐甲级证书，甲级行业范围覆盖全行业。主要开展生态环境保护发展规划，生态环境监测方案、报告编制，排污许可证申报、核发与审核，突发环境事件应急预案编制，环境监理，建设项目环保验收服务，环境评价，技术评估等。

（三）挥发性有机物泄漏监测与修复（LDAR）

LDAR 技术是使用专业监测有机气体的固定或移动监测设备，监测化工企业各类反应釜、原料输送管道、泵、压缩机、阀门、法兰等易产生挥发性有机物泄漏处，从而达到控制物料泄漏对环境造成的污染，是目前国际上较先进的化工废气监测技术。我公司已开展 LDAR 监测的点位达到 60 余万个密封点。同时开展红外监测，通过红外监测设备对无组织排放进行监测。

（四）自动监测服务

公司专业提供地表水水质自动监测系统、城市环境自动监测系统的建设、运维、第三方监管等全方位服务。始终把握自动监测系统的最新技术，提供先进、科学、标准化的自动监测方案，拥有一批专业过硬、技术精湛的技术人员，给生态环境部门提供快速、有效、准确的自动监测服务，为浙江省环境自动监测系统长期稳定运行提供强有力的技术支持。

（五）超低排放技术改造监测

自2014年公司开展超低排放技术改造监测以来，目前已完成火电行业省内300 MW以上大中型火电企业的数十台燃煤机组超低排放改造后委托监测，同时积极开展水泥、钢铁行业超低排放技术改造监测市场业务。

（六）二噁英监测

公司具备所有环境类样品中二噁英监测资质，包括环境空气和废气、土壤、水质和固体废物等，专业从事城市生活垃圾、危险废物、有机废气处理等焚烧炉二噁英类持久性有机污染物监测分析10年。另外，公司具备部分食品、水生物质类样品中二噁英监测分析资质。

（七）有机污染物及重金属监测分析业务

有机污染物（POPs、PAMs、PSBs）监测是公司业务特长之一，现拥有气相色谱、高分辨率磁质、气相色谱-质谱联用仪、原子吸收仪等大型仪器设备共30余台（套），在省内有机污染物及重金属监测分析领域中占据突出的技术高地。

（八）危险废物鉴别

公司具备对生产、生活和其他活动中产生的固体废物的危险特性进行鉴别的技术能力，能为生态环境管理部门、企业、科研机构等需求方提供有力的技术支撑和鉴别服务。

（九）遥感监测业务

公司拥有生态遥感与GIS、生物群落、微生物和生态毒理等实验室，具备多尺度、多类型的生态环境监测能力。

（十）生物毒性监测

急性毒性初筛监测较常用于危险废物鉴别，公司目前主要开展的监测类型包括有三类：口服LD50、皮肤接触LD50和吸入毒性LC50。

三、竞争优势

（一）高起点精益求精，形成完整技术链

公司以技术精良、处事严谨、服务周到来严格要求自身。高起点的专业层次促发公司在历时久远的环境监测领域磨炼中，不断通过自主研发和吸收来引进精湛核心技术和完备专业技术链。经过十余年不懈的努力和竭力追求，公司不但在技术提升和技术打造中得到精益求精的发展，而且持续扩展技术的覆盖面，从大气、水质、土壤、重金属等专项监测服务到社会各层面的环境监理，从环保产品监测服务到各类环保技术咨询，从涉及污染治理的环境工程到环境自动监测设施安装和运营维护等专业领域，都能充分展现公司足以高质量满足整个行业需求的技术链。同时，规模成型、设备精良的环境监测实验室是公司积十余年沉淀而成的技术支撑，使公司的产品质量和服务品质始终站立在业内前端。

（二）广结交诚信为本，打造经典业绩系

良好职业素质的传承和发扬，使公司在市场竞争中始终以诚信为立身之本，以经典为职业追求。无论是项目大小、要求难易，公司坚持以遵循规范标准为原则，以质量精良为导向，把每个业务客户真诚地视作事业成长的合作伙伴，并在严格执行合同条款的基础上，尽可能地从用户的角度来实现服务质量，以此来维护和拓展能够长期合作共存的优质客户群体。

以业绩的影响力来增强市场竞争力，是公司惯以久远的作风，无论是常规性的环境监测业务，还是技术要求较高的二噁英、有机污染物的监测工作，公司已积累了丰厚的业绩储存，历年获得的各级各类奖项是对公司业绩的最好肯定，也以此奠定了市场竞争中的标杆地位。

（三）深作为立足环保，对标业界高标准

在十几年的发展历程上，公司不忘环保重任初心、深耕环保领域作为。一是传统优势监测业务坚持做到外延不断扩展，对市场监测服务通过细分手段不断挖掘增量空间，对产品数据质量不断深化内涵构成，确保处于行业最

高标准。二是紧密贴近环保发展大局，积极响应和投身每一阶段政府布局的环保攻坚战，不断攀越技术高峰，力求公司的技术业务成果就是要打造成为行业的标杆。

（四）严要求人才培育，精炼团队创造力

只有以人为本，才能事在人为。团队优势是公司前行的坚实保障，人才素质是团队形成的根本要素。公司通过三大措施，确保人才培育成长能长盛不衰。一是组合上贯通，内外融合。公司不但以良好的工作氛围积极吸引各级各类优质人才，快速形成和扩展业务骨干队伍，同时把眼光放在现有人员队伍的身上，放手让他们在工作实践中历练，引导他们在技术培训中提升，鼓励他们在实务钻研和理论总结上共赢。二是资历上打开成长空间。每一个专业技术人员无论处于任一层次的职责岗位，都为其量身定制自身的发展规划，切实把个人的成长和公司的发展紧密联系起来。三是文化上塑造企业属性。培育共同的价值观与职业道德操守是公司打造企业文化的最基本准则，在员工素质营造中，坚持把信念和职守放在首位，让"信守合同、严格监理、热情服务、实事求是"的经营宗旨渗透到全体员工的职业作为中。

浙江中一检测研究院股份有限公司

一、发展简况

浙江中一检测研究院股份有限公司（以下简称中一检测）是一家专注于 EHS（环保、健康、安全）领域检测与评价技术服务的专业机构。公司成立于 2006 年，总部位于宁波，目前在省内外拥有 11 家子公司、7 个大型综合环境实验室、2 个（职业）健康体检中心。公司于 2012 年取得国家高新技术企业证书，2014 年 1 月首批登录全国中小企业股份转让系统（股票代码：430385），是首家挂牌新三板的环境监测机构。

中一检测是全国唯一同时拥有职业卫生技术服务机构甲级、安全评价机构甲级、放射卫生甲级资质的国家"三甲"资质民营监测机构。公司优质、高效的检测评价技术服务得到了社会各界的认可，先后获得了"国家中小企业公共服务示范平台""国家高新技术企业""浙江服务名牌""浙江省 5A 级环境监测机构""浙江省高新技术企业研究发展中心""宁波竞争力百强企业""宁波市企业工程技术中心"等多项荣誉。

2006 年，中一检测从室内环境检测起步，目前已发展成为浙江省内最大、最具竞争力的综合性研究院环境监测机构。中一检测在 2015 年浙江省首次社会环境监测机构能力评估中获得全省最高分，在 2018 年第二次社会环境监测机构能力评估中获评最高等级 5A，是目前全省唯一 5A 级社会环境监测机构。中一检测在宁波市总工会、宁波市人力资源和社会保障局、宁波市环境保护局组织的首次环境监测技术比武中，以优异的成绩荣获团体第一名、个人第一名和第二名。

二、主营业务

中一检测多年来始终聚焦 EHS 领域，致力于为工业企业提供"一站式"检测评价技术服务，业务领域涉及生态环境、职业卫生健康、安全评价、节能节水等领域（图 1）。

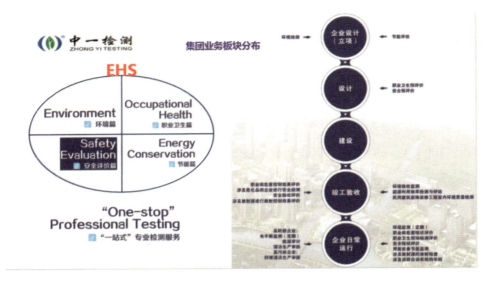

图 1　浙江中一检测业务板块

（一）生态环境领域

中一检测生态环境领域通过计量认证（CMA）项目参数涵盖了生活饮用水、地表水、海水和海洋沉积物、废水、空气和废气、土壤水系沉积物、固体废物、生活垃圾、肥料、噪声、振动、辐射、建筑工程室内空气及公共场所卫生等领域。

中一检测每年制定能力验证计划，根据监测业务门类领域参加由生态环境部标准样品研究所、中国环境监测总站等官方权威机构组织的能力验证活动，以评价和证实公司的监测能力。2018 年以来，中一检测共参加环境领域能力验证 32 项 (次)，涉及水、大气、土壤、沉积物、辐射等领域，能力验证结果均为满意。

（二）职业卫生健康领域

中一检测于 2014 年 9 月取得职业卫生技术服务甲级资质，2017 年 9 月根据国家安全监管总局办公厅要求对甲级资质进行了延续。公司职业卫生领域业务主要包括：①职业病危害检测和评价：职业病危害预评价、职业病危害控制效果评价、职业病危害现状评价、职业病危害因素定期检测。②放射卫生技术服务。放射防护预评价、放射防护控制效果评价、放射工作场所防护检测、放射个人剂量检测、医用辐射设备性能检测、非医用辐射设备性能检测。③职业健康体检。

(三) 安全评价领域

浙江中一寰球安全科技有限公司是全资控股子公司,专门从事安全评价、安全技术咨询、安全技术研究开发和推广、安全教育与培训等业务,拥有应急管理部门颁发的甲级安全评价机构资质。业务范围主要包括石油加工业、化学原料、化学品及医药制造业。

(四) 节能节水与电气防爆领域

中一检测在节能节水领域每年被评为优秀服务机构。业务范围主要包括:能源利用效率检测与评价、节能检测、固定资产投资项目节能评估、节能量审核、能源审计、电气防爆安全检测、清洁生产审核和水电平衡测试以及节水型城市创建咨询等。

三、经营状况

中一检测在检验检测领域深耕十余年,已发展成为浙江省内 EHS 领域代表性的第三方机构。公司多年来保持高速增长,2017—2019 年营业收入分别为 9 251 万元、13 269 万元、15 168 万元,年复合增速达到 28%,净利润分别为 1 457 万元、2 271 万元、1 807 万元,资产负债率长期保持较低水平,企业经营保持稳健(图 2)。

图 2　2017—2019 年浙江中一检测营业收入和净利润情况

四、竞争优势

（一）为客户提供"一站式"专业检测服务

中一检测是全国唯一同时拥有职业卫生技术服务机构甲级、安全评价机构甲级、放射卫生甲级资质的国家"三甲"资质的民营监测机构，还拥有健康与环保、节能与安全等多项省级资质，能为客户提供从企业立项、设计、建设及生产日常运行相配套的"一站式"专业检测与评价技术服务。

（二）重视检测仪器设备能力提升

中一检测拥有行政技术办公区和实验功能区 2 万多 m^2，拥有气相色谱质谱联用仪、液相色谱仪、高效液相色谱—三重四级杆质谱仪、波长色散 X 射线荧光光谱仪、电感耦合等离子体质谱仪等各类大型精密分析仪器 600 余台（套），现场作业各类采样仪器、气体检测及物理因素检测仪器等 3 000 余台（套），仪器设备总资产达 1.5 亿元。

（三）重视技术研发

中一检测作为高新技术企业，一直把自主研发视为核心发展战略，每年研发费用投入 800 多万元，已承担研发项目 50 余项。公司与中国科学院、浙江大学、华中科技大学、中国计量大学、浙江工业大学等多家国内知名检测研究单位和高校建立了良好的协作关系，近几年持续投入检测评价服务技术研发，取得自主知识产权发明专利成果 9 项，申报发明专利 15 项，主持制定国家标准 1 项、行业标准 1 项，研究成果得到广泛推广及应用。

（四）加强团队建设

中一检测拥有一个技术实力雄厚、凝聚力强的人才团队，5 年以上员工 180 余人，占公司员工总数的 35% 以上。公司党、工、团、妇组织健全，积极开展各类创建活动，活跃员工文化生活，促进精神文明建设。公司内部设置咖啡吧、儿童乐园、书吧及玫瑰园，努力为员工提供舒适的工作环境。公司推崇积极向上、奋发图强的企业文化，鼓励员工创新发展。

宁波市华测检测技术有限公司

一、发展简况

宁波市华测检测认证集团股份有限公司（CTI）是一家集检测、校准、检验、认证及技术服务于一体的综合性第三方机构。公司成立于 2003 年，经过 18 年的发展，已发展 70 多家分支机构，拥有化学、生物、物理、机械、电磁等各领域的 130 个实验室，服务网点 260 个，在中国台湾、中国香港、美国、英国、新加坡、荷兰、马来西亚、印度尼西亚、土耳其等地设立子公司。基于遍布全球的服务网络和深厚的服务能力，公司服务客户达 10 万多家，其中世界五百强客户 100 多家。目前主营业务领域分为生命科学、贸易保障、消费品测试和工业测试，集团下辖消费品事业部、环境事业部、食农及健康产品事业部、电子科技事业部、计量及数字化事业部、汽车及金属材料事业部、技术服务事业部、建筑工程及工业服务事业部、医学事业部、海外事业部，在各领域均可为客户提供检测、检验、认证、审核、验货、培训、鉴定、咨询等服务。

宁波市华测检测技术有限公司为华测检测认证集团股份有限公司（CTI）的全资子公司，于 2004 年 12 月初步成立华测集团宁波分公司，2010 年 8 月正式注册为宁波市华测检测技术有限公司。宁波市华测检测技术有限公司办公和实验室用地面积为 8 000 余 m^2，拥有监测仪器设备价值 4 000 余万元。公司服务领域覆盖有害物质监测、环境监测、职业卫生监测与评价、公共卫生监测与评价、电子电气产品及零部件电磁兼容（EMC）监测等多个领域，获得 CNAS、CMA、CPSC、进出口商品检验等多项国内外认证认可资质。公司先后荣获国家高新技术企业、浙江省名牌企业、宁波服务名牌企业、浙江省生态环境修复行业百强企业等多项荣誉（图 1）。

二、主营业务

宁波市华测检测技术有限公司主营业务具体如下：

液相色谱系统　　　　　气相色谱串联质谱系统

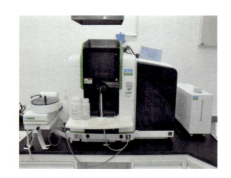

原子吸收分光光度计（PE）　　　　　旋转蒸发仪

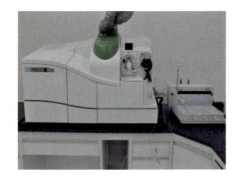

电感耦合等离子体质谱仪（ICP-MS）　　　　　履带式自动推进土壤钻探机

图 1　宁波市华测检测技术有限公司主要仪器设备

（1）消费品领域：测试与验证、产品认证、供应链管理及审核、市场准入及合规、政府抽检等服务，涵盖电子电器产品、纺织品/箱包/鞋类、轻工及玩具、能源化工。

（2）汽车领域：测试、检验、NVH噪声/诊动/声振粗糙度评估、化学法规符合性服务、第二方及第三方审核、技术咨询等服务，涵盖汽车零部件、汽车化工产品、汽车电子电池、整车、航空材料、连接紧固件。

（3）电子电器领域：安全测试、能效测试、电磁兼容测试、汽车电子EMC测试、无线射频测试、on site测试、机械指令认证等服务，涵盖电子电器产品、医疗器械产品、汽车电子零部件产品、轨道交通机车及电子零部件产品、电力设备产品、大型机械产品。

（4）计量校准：口岸大宗产品检验、熏蒸及有害生物防制服务、实验室技术服务、商用密码产品及服务、软件测试、标准物质及能力验证等服务项目，发展方向逐步数字化。

（5）建材工程及工业服务：工业材料检测、工业检验及认证、建筑和工程、轨道交通、无损检测等服务，涵盖大型工业部件、交通材料、高铁测试等。

（6）职业卫生技术服务：职业卫生专项评价、职业卫生安全评价、职卫卫生控制评价、工作场所检测等，涵盖企事业单位、公共场所等。

（7）环境监测服务：环保验收与检测、环卫检测、超低排放检测与评价、场地调查检测与评价、固体废物鉴别检测、环保设施性能评估、排污许可检测与评价等，涵盖企事业单位、监管委托、区域环保监测、环保咨询机构、环保治理等。公司环境监测能力覆盖水和废水、地下水、地表水、空气和废气、土壤、固体废物等多方面检测资质能力，拥有各类仪器设备500余台（套），环境领域在职人员130余人，技术岗位人员100余人，教育背景大多是以环境科学、分析化学和化学工程与工艺等分析相关专业的本硕学历为主，其中研究生及以上学历12人，高级职称6人。

公司设有二级质量管理体系，在质量管理体系方面持续改善。公司层面由质量管理部负责外部监管部门与实验室内部的监督和沟通、内部审核、管理评审等；环境事业部层面设立实验室质量部门，负责实验室具体质量考核、监督等工作。近2年参加国内外能力验证20余次，外部质量考核样150余个，结果均为满意。

三、经营状况

华测检测认证集团股份有限公司（CTI）经营已有18个年，从营业收入端来看，2009—2019年，公司营业收入从2.6亿元增长至31.8亿元，年均复合增速为28.45%，营业收入十年增长12倍。分阶段来看，2009—2017年营业收入复合增速为29.99%，2017—2019年复合增速为22.47%。宁波市华测检测技术有限公司近3年来营业收入从0.5亿元增长至1亿元，年均复合增速30%。

宁波市华测检测技术有限公司植根浙江，深耕市场，不断地优化公司产品服务和扩充服务领域，持续改善内部管理效能，持续完善服务体系等，进一步提升市场竞争力，更好地服务于客户。

四、竞争优势

华测检测认证集团股份有限公司（CTI）目前是国内检测行业产品线最全的综合性公司。其横向扩展可使监测物质持续增加；纵向延伸可提供全方位的环境综合服务。

华测检测认证集团股份有限公司（CTI）在技术研发方面不断增加投入，2015年为1.08亿元、2016年为1.53亿元、2017年为1.82亿元。在2017年新增专利22项、承担或参与标准制定与验证27项、科技研发1项。2019年研发投入2.22亿元，2020年研发投入3.01亿元。截至2020年年底，公司已取得专利400余项；参与制修订标准共计500余项，其中国家标准有180项，强制标准有17项；博士后6人，博士20余人。

华测检测认证集团股份有限公司（CTI）在LIMS系统升级、自动化设备投入、现有设备升级改造、无纸化办公、工作影像、人员培养等软硬件方面加大投入，持续完善。在追求质量与技术的同时，让每一个监测数据、每一步分析过程都留下痕迹，做到有据可查，更加透明。

宁波市华测检测技术有限公司托华测认证集团股份有限公司（CTI）的整体优势，从事检验检测行业以来，不断通过自主研发和外延收购的方式延展新产品生产线，拓展客服群体，寻找新细分市场的增量空间。

杭州普洛赛斯检测科技有限公司

一、发展简况

杭州普洛赛斯检测科技有限公司（以下简称杭州普洛赛斯）是一家集环境监测、卫生监测、食品监测、校准服务于一体的综合性第三方检验检测机构。公司成立于2010年，经过10年的发展，在全省设立了多家分支机构，拥有化学、生物、物理、电磁等领域的异地实验室共9家，均通过实验室计量认证。公司目前主营业务领域分为环境、公共卫生、职业卫生、放射卫生、食品、仪器计量六大类，可为客户提供全方位的检验检测服务。杭州普洛赛斯发展历程见图1。

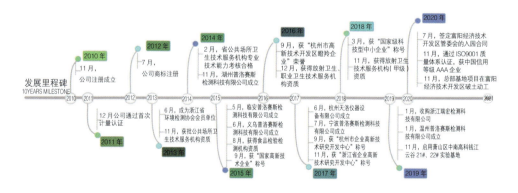

图 1　杭州普洛赛斯发展历程

监测能力是检验检测行业立身之本，公司作为多元化的专业的检验检测机构，在多个领域取得了认可和认证：2011年，公司通过首次CMA计量认证；2014年，公司获得浙江省公共场所卫生技术服务机构资质；2015年，公司获得食品检验检测机构资质；2016年，公司获得放射卫生技术服务机构资质（乙级）和职业卫生技术服务机构资质（乙级）；2018年，公司获得放射卫生技术服务机构资质（甲级）。

10 年间，杭州普洛赛斯经历了两次复评审，十多次扩项，截至目前有监测资质的项目包括了水和废水、空气和废气、土壤、固体废物、底泥、噪声、辐射、振动、室内环境、生活饮用水、游泳池水、顾客用品用具、集中空调通风系统、洁净区域、生物安全柜、净化工作台、医疗卫生用品、食品、化妆品、涉水产品、建设项目职业病危害评价、海洋等多项类别约 3 000 个能力项。

二、主营业务

杭州普洛赛斯主营业务领域分为环境、公共卫生、职业卫生、放射卫生、食品、仪器计量六大类，其中环境领域占比最高。

（1）环境监测：水和废水、地表水 109 项、饮用水 106 项、环境空气与废气、超低排放、在线监测比对、噪声、振动、土壤、底泥、二噁英、生活垃圾、固体废物、加油站及储油库油气、LDAR 监测、电磁辐射、海水、海洋沉积物、海洋生物体、海洋生态等。

（2）卫生监测：公共场所、学校卫生、医疗卫生、空调监测、消毒效果及消毒剂、室内空气、生物安全柜、洁净工作台、涉水产品监测及卫生学评价。

（3）职业卫生（乙级）：职业病危害因素监测与评价（1. 化工、石化及医药；2. 机械、设备、电器制造业；3. 轻工、纺织、烟草加工制造业）。

（4）放射卫生（甲级）：放射诊疗建设项目职业病危害放射防护评价、放射诊疗设备监测、放射诊疗场所监测、个人剂量监测等。

（5）食品监测：食品产品、农药、兽药、添加剂、接触材料、餐饮具、饮用天然矿泉水、酒类、豆制品等。

（6）仪器计量校准：化学、医学、热工、力学等。

三、经营状况

从营业收入端来看，2012—2019 年，杭州普洛赛斯营业收入从 47.7 万元增长至 6 850.3 万元，年均复合增速为 13.78%，营业收入十年增长 145 倍。分阶段来看，2012—2017 年公司营业收入复合增速为 100.91%，2017—2019 年公司营业收入复合增速为 29.74%；从利润端来看，2014—2019 年公司实现净利润从 26.5 万元增长至 924 万元,年均复合增速为 14.97%(图 2)。

图 2　2014—2019 年杭州普洛赛斯营业收入和净利润

四、竞争优势

(一)领先的管理理念

杭州普洛赛斯经营管理理念是:一个中心、两个提升、三个提高。即以发展为中心、提升管理水平、提升服务水平、提高经济效益、提高队伍素质、提高文化品位。公司作风强调工作上认真仔细,技术上精益求精,服务上诚信周到。公司使命是对每一个数据都有责任感,让每一名员工都有幸福感。

(二)专业的技术团队

杭州普洛赛斯 2015 年被评为国家高新技术企业。公司重视技术创新和可持续发展的经营理念,视科技创新为企业的生命,始终贯彻落实"科学是第一生产力"方针政策,把"质量第一、服务第一、创新第一、诚信第一"作为企业经营管理的宗旨,不断引进各类中高级人才,在研发投入、人才储备各方面持续加大投入。公司先后荣获杭州市企业高新技术研究开发中心称号和浙江省企业高新技术研究开发中心称号。

（三）多元化发展

杭州普洛赛斯成立之初以环境监测为主营业务，历经10年，业务范围延伸至环境、公共卫生、职业卫生、放射卫生、食品、仪器计量六大领域。公司多元化发展理念从整体上优化组合，合理配置资源，拓展发展空间和领域，增强市场适应力。

（四）网格化布局

杭州普洛赛斯根据检验检测服务的技术要求特性，在浙江省范围内进行网格化布局，在滨江、萧山、宁波、义乌、金华、台州、湖州、临安、温州等多地建立9家通过计量认证的实验室，确保对市场需求的快速响应，提供高效服务。

杭州谱育检测有限公司

一、发展简况

杭州谱育检测有限公司（原浙江聚光检测技术服务有限公司，以下简称杭州谱育）是杭州谱育科技发展有限公司（谱育科技）的子公司，是专门从事环境监测服务的第三方监测机构，成立于2012年1月9日。公司现有办公和实验室面积合计3 000多 m^2。公司立志打造成为中国最具社会责任感和最具影响力的第三方环境监测服务公司。目前业务除水、大气、声等常规环境监测，还包括挥发性有机物（VOCs）泄漏监测与修复（LDAR）业务、环境移动监测、VOCs走航监测等业务。

杭州谱育严格遵守环境保护法律法规，规范开展环境监测业务，为污染防治、生态保护、改善环境做出突出贡献。多次承接了国家级、省级、市级监测任务。2016年，公司配合杭州市环境监测中心站完成G20峰会期间饮用水水源地水质安全保障任务（移动实验室）、2017年在厦门金砖会晤期间提供厦门市饮用水水源地全项目加密监测服务。2017年10月中标国家地表水采测分离项目，承担2017—2020年国家地表水环境质量监测网采测分离任务，2018年中标余杭、下沙、义乌等第二次全国污染源普查项目（图1）。

图1 杭州谱育发展历程

二、主营业务

杭州谱育当前主营业务主要分为六大板块,分别是基础环境监测、环境移动监测、采测分离项目、LDAR 监测、VOCs 走航监测、新业务模块(空气质量管控、颗粒物及 VOCs 源解析、巡航船水质监测等)。其中基础环境监测涵盖了水、大气、声、土壤等日常委托监测、"三同时"验收、比对监测等监测项目。环境移动监测是在基础环境监测之上运用公司移动监测车开展的现场监测项目,公司目前拥有水质、环境空气和废气移动实验室资质近 200 项。公司受中国环境监测总站的委托负责对地表水国控断面采测分离样品采集、保存、混合、运输、交接以及 pH、溶解氧、电导率等项目进行现场监测。LDAR 监测服务内容包含建档、监测、业务培训等,至今共为 300 多家企业提供服务,累计建档监测 1 000 余万点次。VOCs 走航监测项目是对核心管控区域开展 VOCs+X 因子进行快速监测,实现污染状况动态直读,锁定重点污染源,通过污染物关联分析进行来源解析及光化学污染分析,达到 "1+1＞2" 的效果。

(一)环境监测

环境监测:为了保障全国范围内监测业务的开展,杭州谱育在杭州、武汉、贵州等地成立了独立监测机构。环境监测服务作为公司基础项目,公司具备包含但不限于以下的多个类别监测能力。

(1)水质监测能力。

杭州谱育监测服务能力涵盖全市主要水系、河流跨行政区域河流水质监测监控断面,同时建立配套的质量保证系统、数据传输系统、管理控制系统、综合查询分析系统,基本形成以月度常规监测为主、应急监测为辅的河流水质监测体系。公司突出饮用水水源地保护,严格实施《杭州市生活饮用水源保护条例》。水和废水有近 400 项监测指标通过计量认证。

(2)环境空气与废气监测能力。

为实现污染源和环境空气质量污染状况的监测与预警,提升环境空气与废气监测数据获取的准确性、可靠性及环境空气和废气质量综合分析能力。

杭州谱育配备各类大型仪器设备，如烟气测定仪、环境空气采样装置、苏玛罐预浓缩系统、热解析仪、气相色谱/质谱联用仪（GC-MS）、AFS、AAS、电感耦合等离子体发射光谱仪（ICP-OES）、电感耦合等离子体质谱仪（ICP-MS）等。公司主要开展各种气体介质中的颗粒物、二氧化硫、硫酸雾、可吸入颗粒物（PM_{10}、$PM_{2.5}$）、一氧化碳、臭氧、总悬浮颗粒物等常规监测参数、还拓展了金属、挥发性有机物、挥发性有机污染物、臭气浓度等监测项目。

（3）土壤与沉积物监测能力。

杭州谱育可实现对土壤和沉积物污染状况进行监测和预警。公司投入了满足标准要求的各类仪器设备，如GC-MS、ICP-OES、ICP-MS、IC等大型仪器设备及辅助设备。可开展各种土壤介质中pH、有机质含量、阳离子交换量、重金属参数、挥发性有机物（VOCs）、半挥发性有机物（SVOCs）等项目。

（4）固体废物及固体废物浸出毒性监测能力。

公司主要开展固体废物中腐蚀性监测和金属元素监测及有机污染物的监测，配备翻转振荡器、水平振荡器、零顶空提取器、气相色谱仪（GC）、气相色谱质谱联用仪（GC-MS）、电感耦合等离子体发射光谱仪（ICP-OES）、电感耦合等离子体质谱仪（ICP-MS）等大型仪器设备。

（5）噪声振动与电磁辐射监测能力。

公司配备声级计、振动计、工频电磁场分析仪、无线电干扰分析仪等设备，取得《工业企业厂界环境噪声排放标准》（GB 12348—2008）、《社会生活环境噪声排放标准》（GB 22337—2008）、《铁路边界噪声限值及其测量方法》（GB 12525—1990）、《建筑施工场界环境噪声排放标准》（GB 12523—2011）、《工频电场测量》（GB/T 12720—1991）、《交流输变电工程电磁环境监测方法（试行）》（HJ 681—2013）、《高压交流架空送电线路、变电站工频电场和磁场测量方法》（DL/T 988—2005）等资质。

（6）海水监测能力。

近年来，浙江省海洋资源开发利用不断提高，海洋环境的监测保护工作日益重要。海洋水质监测在开发海洋资源、预警海洋水质灾害、保护海洋水质环境等方面都有着重大意义。公司顺利通过扩项评审开展海水监测工作，出具具有法律效力的监测报告，为海洋水质环境的保护提供有力的技术保障。

（7）生物/生态监测能力。

目前，环境监测从传统的环境理化因子监测向生物生态监测方向拓展，生物生态监测具有敏感性、富集性、长期性和综合性等特点，能够反映各种环境因子和污染物对生物综合作用的结果，能更为真实地表征环境条件对人体健康的影响。公司以水生生物监测为切入点，逐步开展生物群落监测、微生物监测，尤其是饮用水水源地中静水区域的浮游植物、浮游动物等水生生物群落及以叶绿素a为指标的水体生产力的监测。

（二）环境移动监测

环境移动监测是公司突出项目。公司配备多台水质、大气环境移动监测车。该移动监测车采用多项国际领先的车体设计和保障技术，完全满足"实验室"认证要求，车内配备多台专业仪器，是真正意义的"移动实验室"，在应急监测、流动监测、质量监督等领域都拥有广阔的应用前景（图2）。

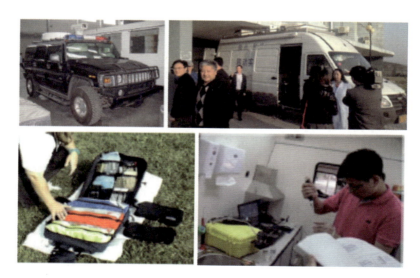

图2 杭州谱育移动监测现场

（三）采测分离项目

杭州谱育自 2017 年开始执行采测分离项目，2020 年 2 月再次中标 2020—2022 年地表水国控断面采测分离项目 1 包和 2 包，目前负责安徽、福建、广东、河南、江苏、江西、上海、浙江、四川、重庆等 18 个省（市）的地表水国控断面的采测任务。

（四）LDAR 监测

杭州谱育可为客户提供 LDAR 监测服务，自主研发的 VOCs 便携监测仪器 EXPEC 3200，自主知识产权的 LDAR 综合管理平台，可为客户制定一站式、多元化的解决方案和服务。

（五）VOCs 走航监测

杭州谱育深耕多年的 VOCs 走航监测项目，配备含有 VOCs 双通道走航质谱监测系统的大气立体走航监测车，可对大气环境中挥发性有机物及常规污染因子进行高精度走航监测，实时绘制区域污染地图，实现快速污染溯源。

（六）新业务模块

大气空气质量管控服务，依托智慧大气管控平台，对河南濮阳、杭州临安等地开展了大气空气质量管控服务，使地方大气质量有显著的提高。根据生态环境部发布的关于颗粒物源解析及夏季挥发性有机物加密监测等文件要求，杭州谱育积极开展了内蒙古巴彦淖尔、青海海东、贵州贵阳、云南普洱等地颗粒物源解析和马鞍山市、安庆市、衢州市、黔东南等地的挥发性有机物监测工作。

三、经营状况

2012 年成立至今，杭州谱育在检验检测领域扎根已有 8 年多。从营业收入端分析，2017—2019 年，公司营业收入从 2 018 万元增长至 3 049 万元，年均增速为 22.92%。从利润端分析，2017 年公司净利润为－108 万元，2018 年公司净利润为 78 万元，2019 年公司净利润为 482 万元。

四、竞争优势

（一）资质全、领域广、服务质量高

杭州谱育从事环境监测行业近 10 年，每年邀请专家进行扩项评审来不断扩展业务领域、提高资质能力。目前服务领域为环境相关监测服务，含大气、水质、土壤、噪声、辐射、固体废物、海水、煤、石灰石等，连续 4 年承接国家地表水采测分离项目，在水质监测领域拥有丰富的经验。公司在全国主要城市设有监测分公司，制定专业化、系统化的监测流程和标准化服务，从单一环境监测机构转型为覆盖环境管理、竣工验收、决策咨询、在线运维等全产业链的环境综合服务商。公司坚持以强化服务理念为核心，不断提升服务能力以高质量服务推动高质量发展。

（二）以科技创新为核心

杭州谱育作为高新技术企业，一直以自主研发为核心发展战略，不断深挖技术护城河。自公司成立以来，研发费用占收入比例基本保持在 10% 左右。截至 2019 年年底，公司拥有 8 项专利、26 个软件著作权。公司依托聚光科技、谱育科技优势平台，以自主研发的设备为基础，开拓新型服务业务和环境综合解决方案。公司以核心技术为支撑，深入挖掘自主研发仪器，灵活运用各种技术组合，为成立全自动实验室打下扎实的基础。全自动实验室由多套全自动分析设备及配套设施搭建而成，打破全人工实验的传统，提供更加精确、高效的服务。

（三）专业的技术团队

杭州谱育拥有专业知识扎实、监测经验丰富的技术骨干和管理团队，其中高级工程师 3 人，中级工程师 10 人。公司依托各大专院校及科研单位的科技力量，吸纳了大批的专业人才，包括 1 名博士、3 名硕士。公司员工均毕业于环境监测、环境工程等全日制院校，骨干员工均具有丰富的工作和管理经验。所有技术人员通过岗前培训及考核后进入正式岗位，全力保障监测数据的准确性和可靠性。公司在不断扩大规模的同时不断加强技术人员的能力。每年

积极参加外部培训，内部根据年度培训计划每月定期开展岗位技能、环境安全、管理体系、仪器设备等专项培训。截至 2019 年年底，公司共通过国家级、省级组织的近 20 项能力验证。各市 / 区环境监测站多次对杭州谱育进行盲样、密码样、仪器比对考核，考核结果均为满意。

（四）诚信管理

作为 3A 级信用企业，杭州谱育始终坚持严谨精细保质量，坚守诚信守约不作假，凭借雄厚的技术力量、完备的设备仪器，严密的质量保证体系，以及完善的管理制度，不断提高企业的凝聚力、创造力和竞争力，以"锐化竞争优势，尽责未来环保"为企业愿景，以"方法科学，数据公正，高效服务，诚信为本"为质量方针，以"提供科学服务，帮助员工成长，得到政府信赖，共建美好家园"为使命；在客户的支持下、员工的努力下、政府的关怀下，坚持"科学、专业、高效、诚信"为价值导向，努力成为具有社会公信力的企业。

浙江瑞启检测技术有限公司

一、发展简况

浙江瑞启检测技术有限公司（以下简称浙江瑞启）成立于2013年，总部位于杭州江干区钱塘智慧城，下设温州、宁波两家分公司，现有技术人员150多人。经过7年多发展，公司不断拓展环境监测及环境咨询服务领域的广度和深度。近年来，公司参与了多个地方政府监督性环境监测服务，已为数千家企事业单位提供服务。2018—2019年，公司相继被评为国家高新技术企业、杭州市企业高新技术研发中心、浙江省大学科技园公共测试平台。在服务企事业单位的同时，公司还参与浙江大学等高校的科研课题的测试研究；与杭州师范大学、中国计量大学、温州大学联合共建实验室，合作建立"产、学、研"基地。2020年公司与明镜环保合作，对复杂类危险废物的组分进行方法优化和标准构建，逐步向高科技含量研发业务领域拓展（图1）。

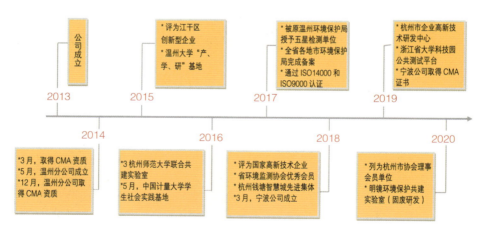

图1　浙江瑞启发展历程

二、主营业务

浙江瑞启业务专注于环境监测业务及相关咨询服务。目前主要业务类别为环境监测、环保竣工验收调查、污染场地调查及修复效果评估、固体废物鉴定、应急预案编制、企业管家式咨询服务。

（一）环境监测

浙江瑞启监测服务范围锁定在环境监测领域，旨在做精做强。公司配置了6台气相色谱-质谱仪、5台原子吸收光谱仪、10台气相色谱仪、4台离子色谱仪、1台高效液相色谱仪、1台电感耦合等离子体发射光谱仪、2台便携式气相色谱仪、1台Gasmet便携式傅里叶红外等大型设备。目前环境监测服务涵盖水（废水、地表水、降水、地下水、海水、饮用水）、气（环境空气、废气、室内空气）、土壤和沉积物、固体废物、噪声、振动、辐射。主要仪器设备见图2。

气相色谱-质谱联用仪

气相色谱仪

离子色谱仪

原子吸收光谱仪

高效液相色谱仪

傅里叶红外、便携式气相仪

图2 浙江瑞启检测主要仪器设备

（二）环保竣工验收调查

浙江瑞启从2015年开始涉足企业竣工验收调查，经过几年的发展已经形成一支专业的咨询队伍，服务省内各大、中、小型企业共计上千家，为企业建设项目竣工环保验收提供专业服务（图3）。

图3　浙江瑞启环保竣工验收项目现场和业务报告

（三）污染场地调查及修复效果评估

随着近几年国家对土壤污染控制的重视，浙江瑞启快速开辟了污染场地调查及评估服务，依托成熟的监测技术力量，对各地区多个地块的土壤污染现状及修复效果进行了调查评估监测，成为近几年公司业绩新的增长点（图4）。

图4　浙江瑞启项目调研和施工现场

（四）固体废物鉴定

固体废物的规范化管理一直是环境保护工作的重要内容，而危险固体废物的鉴定则是固体废物管理中非常关键的一环，存在较大的市场需求。这两年浙江瑞启通过有序扩项，不断完善固体废物鉴定监测能力，强化鉴定方案和报告的规范化，已经为10余家产废企业提供完整的鉴定及咨询服务（图5）。

图 5　浙江瑞启固体废物鉴定项目现场

（五）应急预案编制

在企业环保自查和"三同时"验收进行过程中，不少企业面临应急预案编制或者修订的需求。从 2018 年开始，浙江瑞启顺势拓展了应急预案的协助编制，拓展了"三同时"验收业务。

（六）企业管家式咨询服务

浙江瑞启经过几年的发展和服务，已经和多家大型企业建立了良好的合作模式，业务领域不仅包括"三同时"验收服务，排污许可证填报，自行监测的月、季、年报编制，还涉及企业环保设施运维过程问题剖析、固体废物的规范化管理、在线设备的比对监测等，逐步形成了全方位的服务体系，也提升了企业客户的环保管理水平（图6）。

图 6 浙江瑞启环保管家咨询服务

三、经营状况

浙江瑞启营业收入从 2014 年的 200 万元到 2016 年超过千万元，实现了跨越式发展。2018—2019 年市场在受到"三同时"验收项目清理、土壤政策从严的刺激下，监测及相关咨询市场需求旺盛，助推了一波新的业务增长点。2018 年公司营业收入超过 2 000 万元，2019 年营业收入近 3 000 万元。从利润端分析，2017—2019 年公司净利润率稳定在 20%。

四、竞争优势

（一）团队稳定、核心人才引领

浙江瑞启成立至今，技术团队一直非常稳定。公司核心技术人员先后负责多个国家和省级项目竣工环保验收工作；主持完成世界银行项目——浙江省变压器中多氯联苯的现状调查；完成国家标准《环境空气 无机有害气体的应急监测 便携式傅里叶红外仪法》（HJ 920—2017）的编制；参与了多个省重大专项和原环保厅科研课题的研究，2019—2020 年相继被授予江干区"数字工匠"和"最强领头雁"称号。公司目前各个重要管理岗位均是 2013 年公司成立之初入职的团队成员，队伍的稳定确保了技术的稳定，成为公司在激烈的市场竞争中确保优势的核心要素。

（二）以监测为依托，提供多元服务

公司在强化监测能力的同时，还积极培养技术团队，拓展了关联的咨询服务，更加多元立体地服务于市场。公司已经为诺贝尔集团、桐昆集团、杭州水务集团、三澳核电等企事业单位提供了"三同时"验收、排污申报、应急预案编制、年度监测等服务，完成温州状蒲等地块的修复效果现状评估，以及温州轻轨一期、二期、三期建设期的环境监测等。

（三）积极推进阿米巴经营理念，股权激励核心员工

公司积极引进阿米巴经营理念，并结合公司实际，于 2018 年推出股权激励制度，30 多名公司管理层和核心员工享受股权激励带来的红利，带动全员参与管理，开源节流，提升工作效能。

浙江格临检测股份有限公司

一、发展简况

浙江格临检测股份有限公司（以下简称浙江格临）成立于 2012 年，是专业从事环境监测、环境监测技术开发及技术咨询服务的综合性第三方监测机构。公司位于杭州市余杭经济开发区创新创业园，2016 年 8 月 1 日正式在新三板挂牌上市。公司于 2019 年 9 月由"杭州格临检测股份有限公司"升格变更为"浙江格临检测股份有限公司"，现有全资子公司安徽格临检测有限公司和杭州杉禾科技有限公司 2 家，控股子公司台州格临检测技术有限公司 1 家（图 1）。

图 1　浙江格临检测股份有限公司组成

浙江格临作为监测技术服务供应商，主要从事环境领域的监测分析业务。格临检测接受客户委托，依据客户的监测需求，通过专业的外业采样，先进的实验技术分析，向客户出具精准的监测分析数据。

浙江格临于 2013 年 3 月首次取得 CMA 资质认定。目前公司用地面积为 2 500 m^2，其中实验室用地面积约为 1 500 m^2，配备各种先进仪器设备原值达 1 000 多万元，拥有各项专利技术 19 项。

浙江格临先后获得国家高新技术企业、全国科技型中小型企业、中国环境保护产业协会会员单位、浙江省科技型企业、浙江省高新技术企业研发中心、浙江省社会环境监测机构能力评估 4A 级、杭州市企业高新技术研发中心、杭州市余杭区科技企业研发中心等荣誉。

二、主营业务

（一）环境监测业务

（1）土壤与固体废物监测。

污染场地调查土壤监测分析是浙江格临在浙江省内第三方实验室中的优势能力。公司与中国科学院南京土壤所、浙江大学等多家高校及研究机构开展技术开发合作，在污染场地调查、场地修复、农用土地污染治理等多领域取得成果。公司实验室具备场地调查分析所需的《土壤环境质量　建设用地土壤污染风险管控标准（试行）》（GB 36600—2018）表1全项指标及表2中绝大部分指标，并且建立了完善的场地调查采样及监测分析的全方位质控体系，为客户提供真实、有效、可靠的数据。公司具备《土壤环境质量　农用地土壤污染风险控制标准（试行）》(GB 15618—2018) 中8个基本项目（镉、汞、砷、铅、铬、铜、镍、锌）和3个其他项目（六六六总量、滴滴涕总量、苯并[a]芘）的监测能力，曾多次参与农用地土壤质量调查工作，为客户提供专业、系统、全面的服务。监测项目包括各种金属离子（HM）、半挥发性有机物(SVOCs)、多环芳烃(PAH)、多氯联苯(PCBs)、有机磷农药(OP Pesticides)、酞酸酯类、挥发性有机物(VOCs)、总石油烃类(TPH)、苯系物(BTEX)、有机氯农药(OC Pesticides)、除草剂(Herbicides)。

浙江格临参与了由国土资源厅主导的11个试点地区的耕地质量调查工作，并参与多个国土部门土地整治补充耕地质量等级评定的分析调查和评定报告编写工作。公司独立完成《土地整治补充耕地质量等级评定实地调查表》调查工作，是浙江省目前第三方实验室唯一同时具备土壤标本、土壤调查能力的单位。公司具备土地分等因素数据调查能力，包括耕层厚度、有效土层厚度、田间道路条件、田块状况、排灌设施、土壤酸碱度、有机质含量、盐渍化程度等。针对农用土壤分析及治理能力的需求，公司对监测分析能力进行了针对性的扩项。

浙江格临作为独立的第三方监测机构，具备《危险废物鉴别标准》重金属、有机磷农药、有机氯农药、阴离子、半挥发性有机物、挥发性有机物等浸出毒性鉴别能力。公司充分发挥技术领先与服务专业的优势，为众多企业、各级政府监管部门提供各种类型土壤、固体废物、污泥的监测服务，出具盖有中国计量认证CMA资质的专业监测报告（图2）。

图2　浙江格临现场采样

（2）水、气、声监测。

浙江格临承接多个水质监测断面进行年度常规监测服务，协助政府水文总站对水功能区水质监测站点开展水质监测工作。具有《生活饮用水卫生标准》（GB 5749—2006）全项监测能力。水质类监测项目包括生活饮用水106项、有机氯农药(OC Pesticides)、各类重金属、总石油烃类(TPH)、地表水109项、挥发酚、微生物、多环芳烃(PAH)、磷酸盐、石油类和动植物油、挥发性有机物(VOCs)、多氯联苯(PCBs)、苯系物(BTEX)、阴离子表面活性剂、半挥发性有机物(SVOCs)、有机磷农药(OP Pesticides)。监测范围包括生活饮用水、地表水、地下水、工业废水、生活污水、农田灌溉水、大气降水、海水、其他水。

随着环境保护意识的提升，人们对身边环境问题十分关注，其中最直观的是工业废气的排放。浙江格临拥有专业的气体监测技术，同时对废气监测超标企业，提供环保管家服务，竭诚为客户提供解决方案，环境与工业废气监测项目主要有低浓度颗粒物、二氧化硫、氮氧化物、一氧化碳、VOCs、氟化物、硫酸雾、甲醛、苯系物、烟尘、醇类化合物、非甲烷总烃、臭氧、总悬浮颗粒物、PM_{10}、$PM_{2.5}$等。

浙江格临拥有先进的噪声监测仪器设备，监测项目包括社会生活环境噪声、工业企业厂界噪声、区域环境噪声、道路交通噪声、噪声源噪声等。

（二）环保技术咨询管家

（1）环境综合服务商。

浙江格临致力于为各类客户提供环境影响评价、环境保护设施建设、环境监测、竣工验收等全流程技术咨询服务。从环境保护政策解读、环境保护问题咨询、环境保护决策指导、环境风险管控、污染物达标排放等方面提供"管家式环保服务"。

（2）环境影响评价。

浙江格临与多家环境影响评价机构建立长期合作关系，可为客户提供各类型项目环境影响评价。帮助企业筛选环境影响评价单位，协助企业收集完成环境影响评价资料和数据采集，审核环境影响评价编制合同等前期准备工作；协助完成环境影响评价编制工作，上报企业环境影响评价报告审批；指导、帮助、协同并督促企业依据环境影响评价批复完成"三同时"业务办理工作。

（3）"三同时"竣工验收。

指导、帮助、协同企业检查环境保护治理设施落实情况，编制企业自查报告，为企业提供竣工验收监测服务；指导、帮助、协同企业针对验收不符合项进行整改；指导、帮助、协同企业完成竣工环境保护验收。

三、经营状况

2012—2020年，浙江格临营业收入从62.14万元增长至2 190万元，年均复合增速为48.56%，营业收入10年增长35倍。从营业收入端来看，

2017—2019年营业收入从1 528.17万元增长至2 190万元，年均复合增速为12.74%；从净利润端来看，2017—2019年净利润从70.56万元增长至149.08万元，年复合增速高达28.32%（图3）。

图3　2017—2019年浙江格临营业收入和净利润变化

2017—2019年，浙江格临实现营业收入和净利润双增长，主要得益于三方面：一是公司联合中国科学院南京土壤研究院及各大高校开展了全省范围内耕地土壤调查工作；二是公司与多家大型研究机构合作，开展污染场地调查工作；三是公司积极与生态环境、水利、农林等部门开展国家相关五水共治项目。

四、竞争优势

浙江格临竞争优势如下：

（1）产业化战略：公司实施"三标一化"战略，即技术标准化、管理标准化、服务标准化、产业化发展。

（2）人才战略：公司发展至今，已培养出一批拥有核心技术能力的专机技术人员，成为各个部门的骨干力量，这是公司的核心竞争力和宝贵财富，目前浙江格临共有员工100余人，其中拥有高级工程师5名、工程师22人，各类技术人员占员工总数的 70% 以上。

（3）市场战略：以自建或收购的方式，实现市场扩张，扩大业务区域范围；以环境为主，适时拓展安全评价、职业卫生、食品安全等领域。

（4）技术深度战略：通过建立研发中心，开展相关技术研究，完成技术咨询、解决方案等方面的战略拓展。

（5）智能信息化战略：浙江格临自主研发环境监测类 LIMS 实验室信息化管理系统。实验室信息化管理平台用于实验室管理，可以达到自动化运行、信息化管理和无纸化办公的目的。同时，经过严格质量认证的 LIMS 系统的应用，可协助实验室的管理体系有效运行，使实验室监测和管理数据符合相关的标准和规范的要求。

浙江省第十一地质大队（测试中心）

一、发展简况

浙江省第十一地质大队（测试中心）成立于1971年，前身为地矿部南京化验室，2004年更名为浙江省第十一地质大队（测试中心）（以下简称浙江省第十一地质大队）。浙江省第十一地质大队是温州市第一家通过浙江省技术监督局计量认证的综合性检验机构，现为全国土壤污染状况详查监测实验室、浙江省环境监测协会理事单位、温州市生态环境技术服务协会副会长单位。近年来，浙江省第十一地质大队积极介入浙江省"五水共治"，开始正式转型以自然资源和生态领域作为自己发展的方向。经过近年的发展与建设，浙江省第十一地质大队目前有实验室面积3 000多 m^2，下设综合所、测试所、环境所、质控所、创新中心和3个监测实验室，主要监测项目有金属、非金属矿物、建筑工程室内环境空气质量、地下水、地表水、生活饮用水、工业废水、海水、工业废气和环境空气、土壤、海洋沉积物、固体废物及底质、混凝土和砂中氯离子、噪声、振动等，可监测参数达2 500多项，以较强的监测能力服务于自然和生态监测领域。同时依托监测，浙江省第十一地质大队开展环保验收、场地调查及风险评估、地下管线排查、危险废物鉴别、排污许可证申请服务等。

浙江省第十一地质大队现有职工44人，其中教授级高工1人，高级工程师7人，工程师10人（图1）。配备了300多台（套）各类大型仪器设备，主要有液相色谱质谱仪、超高效液相色谱仪、电感耦合等离子体质谱仪、气相色谱/质谱联用仪、快速溶剂萃取仪、波长色散性X射线荧光光谱仪、浓缩-净化一体机、固相萃取仪、离子色谱仪、全自动烷基汞分析仪、原子荧光光度计、原子吸收分光光度计、烟尘测试仪、自动测氡仪、土壤取样器、钻机等仪器设备。

附录1 领先企业实录

图1 浙江省第十一地质大队团队成员

浙江省第十一地质大队先后荣获全国国土资源系统先进集体、全国国土资源系统功勋集体、全国地质勘查行业先进集体、浙江省文明单位、浙江省五一劳动奖状、浙江省地质灾害防治先进集体等荣誉称号（图2）。

图2 浙江省第十一地质大队发展历程

二、主营业务

浙江省第十一地质大队业务范围以监测为主业，包括辐射环保"三同时"验收、场地调查及风险评估、危险废物鉴定、地下管道排查、排污口调查及整治、海洋生物生态调查、土壤修复、土壤肥力提升、污染综合整治方案编制、突发环境事件应急预案编制、排污许可证申请等。

（一）环境监测业务

从 2015 年开始，浙江省第十一地质大队业务范围由原来的岩石矿物分析、地下水分析等领域经过几次计量扩项，包括岩石矿物监测、地下水监测、饮用水监测、地表水监测、污水监测、大气环境监测、室内环境空气监测、工业废气监测、土壤监测、海洋沉积物监测、污泥监测、固体废物监测、海洋生态环境监测、环保"三同时"验收、场地调查及风险评估、危险废物鉴定、地下管道排查、排污口调查及整治、海洋生物生态调查、土壤修复、土壤肥力提升、土地地力质量等级评价、土地整治、污染综合整治方案编制、突发环境事件应急预案编制、排污许可证申请等。领域覆盖自然资源、住建、生态环境、卫生疾控等，取得资质监测参数 2 600 项。浙江省第十一地质大队立足温州，业务版图逐步向浙南闽北地区辐射。

（二）综合性业务服务

浙江省第十一地质大队立足自然资源和生态环境监测领域，依托机构监测拓展综合性服务项目，主要是包括开展环保"三同时"验收、场地调查及风险评估、危险废物鉴定、地下管道排查、排污口调查及整治、海洋生物生态调查、土壤修复、土壤肥力提升、土地地力质量等级评价、土地整治、污染综合整治方案编制、突发环境事件应急预案编制、排污许可证申请等。

三、经营状况

2014 年以来，浙江省第十一地质大队逐步进入生态环境领域，相关业务营业收入从 2014 年的 310 万元增加到 2019 年的 1 800 万元，5 年间营业收入增长了 4.8 倍，利润从 2014 年的 80 万元增加到 2019 年的 700 余万元，5 年增长了 7.7 倍（图 3）。

图 3　2014—2019 年浙江省第十一地质大队营业收入和净利润情况

2014—2017 年,浙江省第十一地质大队生态环境监测类业务 4 年间的营业收入增速为 21%～38%,平均增速保持在 26% 左右,利润增速保持在 11.8%～28.2%。2018 年由于承担了全国土壤污染状况详查农用地样品监测,导致当年营业收入增长迅速。

四、竞争优势

浙江省第十一地质大队竞争优势具体如下。

(一)上级的支持和团队的凝聚力

浙江省第十一地质大队管理层充分认识到环保产业与地勘领域的紧密结合是中心可持续发展的方向,并加大这方面的软硬件投入。浙江省第十一地质大队现有技术人员 40 人,高级工程师 7 人,工程师 10 人,具有硕士学位的技术人员占比 30% 以上,本科学历占比 90% 以上。经过近几年的发展,浙江省第十一地质大队形成了学历高、专业全、技术精、人才结构合理的复合型科技团队。

（二）生态环境监测一体化服务

浙江省第十一地质大队下设4个所（综合所、测试所、环境所、质控所），1个中心，3个监测室（有机监测室、岩石土壤监测室、水质空气监测室）。在省局及大队的大力支持下，3年来先后投入3 000万元更新仪器设施，建成了面积为3 000 m^{2}的标准化实验室和面积为1 000 m^{2}的样品制备中心，目前实验室仪器设备有液相色谱质谱仪、超高效液相色谱仪、电感耦合等离子体发射光谱仪、电感耦合等离子体质谱仪、气相色谱仪、气相色谱质谱联用仪、快速溶解萃取仪、固相萃取仪、波长色散性X射线荧光光谱仪、浓缩净化一体机、离子色谱仪、全自动烷基汞分析仪、原子荧光仪、原子吸收分光光度计、烟尘测试仪、氡自动监测仪、土壤取样器、钻机等。

经过2018年全国土壤污染状况详查农用地土壤监测和2020年重点行业企业用地调查项目的锻炼，浙江省第十一地质大队监测能力进一步增强，并在全国农用地土壤污染状况详查项目中，勇于尝试、大胆创新，受到浙江省生态环境厅的嘉奖表扬。

（三）以自然生态环境领域为服务方向，找准新服务对象

浙江省第十一地质大队围绕"土"字做文章，全面介入全域土地综合整治修复、土地质量调查、国土空间规划等"土"市场，主动服务美丽乡村建设，积极对接地方政府部门。浙江省第十一地质大队围绕"海"字做文章，加大同涉海单位的对接力度，有序推进涉海项目，积极介入海水水质监测、海洋垃圾监测、海洋生物多样性监测、海滨水浴监测、海洋沉积物质量监测、滨海旅游度假区监测、江河入海污染物总量监测、海水养殖区监测等领域，力求提供最优质的服务。

附录 2

浙江省社会环境监测机构总体情况

ZHEJIANGSHENG SHEHUI HUANJING JIANCE
HANGYE FAZHAN BAOGAO
（2020）

附表 2-1 浙江省社会环境监测机构基本情况

序号	区域名称	机构数量/家	机构性质占比/%			企业规模占比/%			机构成立时间占比/%			
			民营	国有	其他	中型	小型	微型	2010年之前	2011—2013年	2014—2016年	2017—2019年
1	浙江省	273	84.2	13.3	2.5	6.4	85.0	8.6	17.6	19.8	36.1	26.5
2	杭州市	78	75.4	15.9	8.7	14.2	72.9	12.9	24.7	23.2	36.2	15.9
3	宁波市	39	81.3	3.1	15.6	0.0	87.5	12.5	21.9	12.4	18.8	46.9
4	温州市	20	91.7	8.3	0.0	0.0	100.0	0.0	41.7	33.3	16.7	8.3
5	湖州市	20	80.0	5.0	15.0	20.0	80.0	0.0	5.0	20.0	20.0	55.0
6	嘉兴市	28	84.2	10.5	5.3	5.3	89.4	5.3	22.2	11.1	55.6	11.1
7	绍兴市	24	54.2	33.3	12.5	0.0	95.8	4.2	16.7	20.8	45.8	16.7
8	金华市	22	87.5	8.3	4.2	13.0	87.0	0.0	13.0	17.4	43.5	26.1
9	衢州市	8	80.0	20.0	0.0	40.0	60.0	0.0	20.0	0.0	40.0	40.0
10	舟山市	3	50.0	50.0	0.0	0.0	100.0	0.0	0.0	50.0	50.0	0.0
11	台州市	23	84.2	5.3	10.5	0.0	100.0	0.0	0.0	23.8	38.1	38.1
12	丽水市	8	50.0	16.7	33.3	0.0	100.0	0.0	16.7	0.0	66.6	16.7

附录 2　浙江省社会环境监测机构总体情况

附表 2-2　浙江省社会环境监测机构资质能力情况

序号	区域名称	首次环境领域资质认定情况/家				各类别监测能力资质认定机构数/家					
		2010年之前	2011—2013年	2014—2016年	2017—2019年	水和废水	环境空气和废气	土壤	固体废物	噪声	辐射	其他
1	浙江省	15	27	62	105	225	200	173	125	196	40	143
2	杭州市	8	8	22	26	65	55	49	38	53	16	40
3	宁波市	3	4	2	19	32	29	28	18	28	8	22
4	温州市	0	4	5	3	12	12	9	8	12	3	8
5	湖州市	0	2	3	9	19	18	12	7	17	3	9
6	嘉兴市	1	3	7	7	19	17	16	13	17	4	14
7	绍兴市	1	4	9	8	24	19	17	13	18	1	20
8	金华市	1	1	8	11	20	20	17	11	19	3	12
9	衢州市	1	0	0	3	5	4	4	4	5	0	2
10	舟山市	0	0	0	2	2	2	1	1	2	0	1
11	台州市	0	1	5	13	21	20	16	11	20	2	11
12	丽水市	0	0	1	4	6	4	4	1	5	0	4

附表 2-3 浙江省社会环境监测机构从业人员情况

序号	区域名称	从业人员/数量	年龄结构比例 /%				机构人员规模 /%				技术职称占比 /%		
			25岁以下	25~35岁	35~45岁	45岁以上	10人以下	10~30人	30~50人	>50人	中级职称以下	中级职称	高级职称及以上
1	浙江省	10 874	25.0	57.0	12.0	6.0	11.0	56.4	23.4	9.2	76.2	20.5	3.3
2	杭州市	4 014	30.8	53.0	11.7	4.5	14.3	34.3	11.4	40.0	81.5	14.5	4.0
3	宁波市	1 972	28.5	58.6	9.2	3.7	0.0	43.8	25.0	31.2	88.5	8.8	2.7
4	温州市	870	23.7	56.7	13.7	5.9	0.0	33.3	50.0	16.7	84.3	10.7	5.0
5	湖州市	351	13.0	69.0	15.1	2.9	20.0	65.0	15.0	0.0	80.1	17.0	2.9
6	嘉兴市	964	28.2	56.6	10.9	4.3	5.3	36.8	52.6	5.3	77.5	16.8	5.7
7	绍兴市	972	16.6	60.4	16.9	6.1	0.0	54.2	12.5	33.3	79.0	15.6	5.4
8	金华市	636	22.8	54.2	12.5	10.5	13.0	52.2	17.4	17.4	86.1	10.5	3.4
9	衢州市	221	16.2	33.8	20.0	30.0	40.0	40.0	0.0	20.0	80.0	10.0	10.0
10	舟山市	39	0.0	73.1	7.7	19.2	0.0	100.0	0.0	0.0	73.1	26.9	0.0
11	台州市	674	16.5	57.2	10.6	15.7	0.0	57.2	33.3	9.5	87.6	9.6	2.8
12	丽水市	161	14.4	70.1	10.3	5.2	0.0	83.3	16.7	0.0	79.4	17.5	3.1

附录 2　浙江省社会环境监测机构总体情况

附表 2-4　浙江省社会环境监测机构仪器设备及资产情况

序号	区域名称	设备数量占比 /%				仪器设备原值占比 /%				固定资产原值占比 /%			
		<50 台	50~150 台	150~300 台	>300 台	<500 万元	500万~1000万元	1000万~3000万元	>3000 万元	<500 万元	50万~1000万元	1000万~3000万元	>3000 万元
1	浙江省	37.7	39.4	17.7	5.2	64.0	23.0	10.0	3.0	51.0	25.0	19.0	5.0
2	杭州市	43.3	10.4	6.0	43.3	55.2	26.9	11.9	6.0	47.8	20.9	20.9	10.4
3	宁波市	36.7	16.6	10.0	36.7	46.7	40.0	10.0	3.3	36.7	36.7	20.0	6.6
4	温州市	8.4	58.3	0.0	8.4	75.0	8.4	8.3	8.3	66.7	16.7	8.3	8.3
5	湖州市	65.0	5.0	0.0	65.0	90.0	10.0	0.0	0.0	75.0	15.0	10.0	0.0
6	嘉兴市	41.2	29.4	11.8	41.2	62.5	25.0	12.5	0.0	25.0	43.8	31.2	0.0
7	绍兴市	31.8	18.2	9.1	31.8	54.5	18.2	27.3	0.0	40.9	18.2	36.4%	4.5
8	金华市	34.8	17.4	4.3	34.8	82.6	17.4	0.0	0.0	60.9	30.4	8.7	0.0
9	衢州市	60.0	0.0	0.0	60.0	100.0	0.0	0.0	0.0	80.0	20.0	0.0	0.0
10	舟山市	50.0	0.0	0.0	50.0	100.0	0.0	0.0	0.0	50.0	0.0	50.0	0.0
11	台州市	30.0	25.0	5.0	30.0	68.4	31.6	0.0	0.0	60.0	30.0	10.0	0.0
12	丽水市	33.3	16.7	0.0	33.3	66.6	16.7	16.7	0.0	50.0	16.7	33.3	0.0

附表 2-5　浙江省社会环境监测机构经营状况

序号	区域名称	环境监测合同总额				营业收入				人均营业收入			
		<200万元	200万~500万元	500万~1000万元	>1000万元	<200万元	200万~500万元	500万~1000万元	>1000万元	<10万元	10万~30万元	30万~50万元	>50万元
1	浙江省	45.7%	19.7%	17.1%	17.5%	21.0%	23.0%	22.0%	34.0%	19.0%	63.5%	13.9%	3.6%
2	杭州市	31.0%	22.4%	22.4%	24.2%	18.4%	13.2%	15.8%	52.6%	13.2%	50.0%	28.9%	7.9%
3	宁波市	38.5%	7.7%	19.2%	34.6%	11.1%	16.7%	16.7%	55.5%	11.1%	77.7%	5.6%	5.6%
4	温州市	25.0%	16.7%	41.6%	16.7%	0.0%	22.2%	55.6%	22.2%	11.1%	77.8%	0.0%	11.1%
5	湖州市	53.3%	26.7%	20.0%	0.0%	53.8%	23.1%	23.1%	0.0%	23.1%	76.9%	0.0%	0.0%
6	嘉兴市	20.0%	40.0%	13.3%	26.7%	0.0%	33.3%	22.2%	44.5%	0.0%	88.9%	11.1%	0.0%
7	绍兴市	21.1%	26.3%	21.1%	31.5%	13.3%	40.0%	26.7%	20.0%	20.0%	60.0%	20.0%	0.0%
8	金华市	27.8%	38.9%	11.1%	22.2%	33.3%	38.9%	5.6%	22.2%	44.4%	55.6%	0.0%	0.0%
9	衢州市	60.0%	40.0%	0.0%	0.0%	50.0%	25.0%	0.0%	25.0%	25.0%	50.0%	25.0%	0.0%
10	舟山市	100.0%	0.0%	0.0%	0.0%	—	—	—	—	—	—	—	—
11	台州市	38.9%	11.1%	33.3%	16.7%	25.0%	16.7%	41.6%	16.7%	25.0%	66.7%	8.3%	0.0%
12	丽水市	50.0%	33.3%	0.0%	16.7%	0.0%	0.0%	50.0%	50.0%	0.0%	0.0%	100.0%	0.0%

附录 3

浙江省环境监测行业调查表

ZHEJIANGSHENG SHEHUI HUANJING JIANCE
HANGYE FAZHAN BAOGAO

（2020）

附表 3-1 2020 年浙江省社会环境监测行业调查表

机构名称	（盖章）		设立时间	年 月 日	
注册地址			机构性质	□国有 □民营 □混合 □其他	
在浙办公地址			业务类型	□纯环境检测 □综合检测	
实验室地址			实验用房面积（m²）		
登记备案	是否已在各地市生态环境主管部门进行登记备案： □杭州 □宁波 □温州 □绍兴 □湖州 □嘉兴 □金华 □衢州 □台州 □丽水 □舟山				
法人代表		职务职称		联系方式	手机： E-mail：
主要联系人		职务职称		联系方式	手机： E-mail：
质量负责人		职务职称		联系方式	手机： E-mail：
技术负责人		职务职称		联系方式	手机： E-mail：
在岗人数		岗位分布	技术： 人，销售： 人，行政： 人，其他： 人		
环境监测人员					
监测人员岗位	现场监测（采样）： 人，实验室分析： 人， 报告编制： 人，其他： 人，合计： 人				
监测人员年龄	45 岁以上： 人，35～45 岁： 人，25～35 岁： 人， 25 岁以下： 人，合计： 人				
监测工作年限	10 年以上： 人，5～10 年： 人，5 年以下： 人				
环保专业学历	研究生及以上： 人，本科生： 人，大专： 人，大专以下： 人，合计： 人				
环保专业职称	正高级： 人，高级： 人，中级： 人，中级同等能力： 人，合计： 人				
2019 年培训	内部培训： 人次，外部培训： 人次，总支出： 元				
固定资产及仪器设备（主要仪器设备清单请根据附件 2 按要求提供）					
固定资产原值（万元）		仪器固定资产原值（万元）		主要仪器设备总数（台、套）	
资质和能力					
资质名称	证书编号		发证机关	环境项目首次批准（扩项）日期	现有项目类别和项数

附录3 浙江省环境监测行业调查表

资质认定					☐环境空气和废气： 项 ☐水和废水： 项 ☐土壤： 项
实验室认可					☐固体废物： 项 ☐噪声： 项 ☐辐射： 项 ☐其他环境项目： 项
LIMS系统	建设情况	☐已建成并投入使用 ☐正在建设中 ☐尚未考虑启动			
	建设方式	☐自行开发建设 ☐委托第三方开发或系统采购			
	累计投入	☐25万元以下 ☐25万~50万元 ☐50万~75万元 ☐75万~100万元 ☐100万元以上			
2019年环境监测数据及质控数据					
类别	环境监测数据（不含质控数据）（个）	质控数据（个）		质控措施（500字以内）	
环境空气和废气					
水和废水					
土壤					
固体废物					
噪声					
合计					
环境监测业绩统计					
		2017年	2018年	2019年	2020年
合同总额（万元）	政府委托项目				合同总额同比情况： ☐实现增长 ☐基本持平 ☐下降10%~30% ☐下降30%~50% ☐下降50%以上
	企业委托项目				
	合计				
分包比例(%)					
合同总数（份）					
出具报告数（份）					
能力评估	☐已完成评估，结果 级 ☐计划申请 级，拟申请时间 年 月 ☐暂未计划				
行业诚信评价	请根据机构自身市场从业经历，对我省社会监测行业诚信情况进行评价(可多选)： ☐健康良性发展 ☐基本有序合规 ☐数量质量可信 ☐诚信守法难行 ☐惩戒处罚不足 ☐普遍存在恶性竞争				
价格体系征询	请选择支持何种价格体系来引导和规范我省社会环境监测市场发展(可多选)： ☐市场竞争自由定价 ☐遵循全省行业指导价 ☐招投标设定最低限价 ☐其他：				

能力提升需求	☐专业技术培训　☐实验室综合管理　☐法务和合同管理 ☐企业文化建设　☐其他：
其他信息	请提供上一年度营业盈亏情况（附财务报表）：
	请提供近三年获得各级政府颁发的荣誉奖励、发明专利和参与标准编制相关信息：
	请针对如何促进我省社会环境监测行业自律、引导规范行业健康发展提出意见和建议：

附录3　浙江省环境监测行业调查表

附表 3-2　浙江省社会环境监测机构主要仪器设备清单

序号	仪器名称	型号	数量	生产厂家	原值（万元）	购买时间	备注
1							
2							
3							
4							
5							
6							
7							
8							
9							
10							
11							
12							
……							

备注：
1. 如仪器设备为租赁，请在备注中注明。
2. 请如实填写以下仪器设备，不够可附页：
a. 实验室分析仪器：气质联用仪、气相色谱仪、液相色谱、离子色谱仪、原子吸收仪、等离子发射光谱仪（ICP）、等离子质谱仪（ICP_MS）、原子荧光仪、红外分光光度计、紫外分光光度计、十万分之一电子天平、万分之一电子天平，以及其他原值大于1万元的仪器设备；
b. 实验室前处理设备：快速溶剂萃取仪、自动固相萃取仪、凝胶色谱仪、微波消解仪、石墨消解仪、（超）纯水机，以及其他原值大于1万元的仪器设备；
c. 现场采样（检测）仪器：直推式土壤采样车、烟尘（气）采样仪、大气综合采样仪、便携式水质多参数仪、噪声仪、电离（磁）辐射仪，以及其他原值大于1万元的仪器设备。

附表 3-3 浙江省社会环境监测机构主要管理人员、技术人员清单

序号	姓名	年龄	性别	主要岗位	是否具有省级培训证书
1					
2					
3					
4					
5					
6					
7					
8					
9					
10					
11					
12					
13					
14					
15					

后　记

环境监测行业是一个由经济大潮催生、伴随治污攻坚、生态复苏应运而生的新生行业，投身其间，无数个矢志不移的环境守护者，以他们高质量的环境监测服务、持之以恒的艰苦付出，时刻吹响着环境警戒的哨音。《浙江省社会环境监测行业发展报告（2020）》（以下简称《发展报告》）就是行业前行的实情记载。

自2015年开展社会环境监测行业调查研究以来，浙江省环境监测协会坚持这项工作5年来从未间断，迄今为止已经连续发表2份调查报告（每2年度1份）。在此基础上，2020年此项专题研究得以全面升级，把对环境监测行业的审视目光落在全方位要素上，并以社会环境监测机构为中轴线，全面扫描追踪行业全局；第一次，对行业概念进行严密定义，切实做到调研有的放矢；第一次，把数据分析解读扩展到行业要素关联上，以此来把准行业的发展脉络；第一次，实录领先企业的详尽数据，如实演绎环境监测机构的发展前景。历时一年有余的《发展报告》调研编纂历程，既是尽可能完备记录行业状态数据的考究之举，也是品赏透析行业发展兴盛的感动之旅。从筹划研制、编撰大纲开始，本书历经问卷设计发送、回收统计，数据归类分析、定性剖析，调研入户详询、充分核实，专题评价审核、汇编成册等反复斟酌、严密稽核的阶段，终于成形面世，终可为之欢欣宽慰。《发展报告》的编撰过程不仅得到了浙江省生态环境厅、浙江省生态环境监测中心领导的盛情关心和悉心指导，也得到了业内专家和各界人士的鼎力相助，为《发展报告》的编撰奠定了坚实的基础。在此一并致以真切的感谢，以此也促使我们更尽心于《发展报告》的调研编撰。

环境监测正在走一条探索初创的缘起之路，其中的曲折深浅、反复徘徊都是初创阶段难以避免的代价，正因如此，《发展报告》力求以透视剖析的眼光，以务实求真的笔触，对行业的经历现状前景做标本化的解剖，以期将行业各要素的活动、历程、成效、欠缺等诸多独特而深刻的印痕予以存世，这也是《发展报告》力求实现的主旨。需要说明的是，本《发展报告》在数据评析期间恰遇新冠肺炎病毒肆虐，值此抗击重大疫情的危急时刻，社会环境监测机构的服务经营状态普遍遭受疫情影响，2020年所统计的各项数据不足以反映行业该有的真实情况，因此《发展报告》分析数据主要取样于2017—2019年。因为《发展报告》涉及内容繁复，数据浩瀚，而卷帙有限且经验能力局限，所以收录分置归类会有纰漏差错，有不尽如人意之处，还望大家批评指正。整装一旦上阵，未来必将可期，有了这次《发展报告》调研编辑的经验得失，定为后续的再度编撰铺就更为完美的路径，我们有信心有能力将这份促进行业健康快速发展的基础工作做成持续有恒、逐版精致的系列品牌产品，谨望业内外朋友一如既往地给予关注和支持。

在《发展报告》筹划编撰过程中，特别感谢杭州谱育检测有限公司、杭州普洛赛斯检测科技有限公司、杭州华测检测技术有限公司、浙江九安检测科技有限公司、浙江瑞启检测技术有限公司、浙江中通检测科技有限公司、浙江中一检测研究院股份有限公司、浙江人欣检测研究院股份有限公司、宁波远大检测技术有限公司、宁波求实检测有限公司、浙江科海检测有限公司、绍兴市中测检测技术股份有限公司、浙江巨化清安检测科技有限公司、德清中天环科检测有限公司等受访机构和参与调研单位予以全力支持，尽其所能地奉献各项相关数据和工作实情。

编者

2021年7月30日